JN001754

クラクションを鳴らせ!

変わらない中古車業界への提言

中野優作
(株)BUDDICA 代表取締役

Craction!

幻冬舎

クラクションを鳴らせ！

変わらない中古車業界への提言

はじめに

本当に申し訳ない事をした。

当時の僕は自分たちのやっている事に1ミリも疑いを持たずに、仕事に誇りを持っていた。

競争に勝つ事に必死で、社内で勝ち上がり、社内に敵がいなくなると、外にそれを求めた。ライバルを見つけ、徹底的に戦い、勝ち続ける事で自分の力を誇示していた。

無知で無謀な若者でも勢いだけはあった。捨て身だからだ。失うものなど何もない。お粗末なマーケティングと強引なマネジメントを武器に、それでも地域で断トツNo.1と言われる店を運営した。地域を制した後は、全国だ。同業者と徹底的に戦った。金に物を言わせる圧倒的強者の戦略だ。

酷い話だ。地域に根差したお客様主義の店舗を何社潰しただろうか。

30代前半のやる気のある、無知な若造の僕は、楽しくって仕方がなかった。

最年少記録だ、No.1だともてはやされ、30歳で何百人もの部下を率い、右肩上がりに成長していく組織。やる事全てがヒットし、面白いぐらいに売れた。年々上方修正していく目標、上がる年収。付き合う人も身に着けるものも何もかもが変わっていった。

僕は香川県さぬき市にある人口5000人の港町に育った田舎者だ。スーツを着た人を見る事なんかほとんどない。町の人は漁師や工場勤務、土木や建築現場で働く人が大半の貧しい町だ。そんな町で僕も決して裕福とは言えない家庭に育ち、ご近所様にいたずらをして、迷惑をかけてばかりの悪ガキだった。高校も1年も通わずに中退している。そんな自分が何かを成し遂げていっている感覚が、自分をおかしくしていった。周囲の期待も膨らんで勘違いをし、止まれなくなった。数字を作る手段を選ばなくなっていった。

僕がマネージャーや本部スタッフになってからも、沢山の人が辞めていった。病んでしまった人もいるかもしれない。家族がバラバラになった話もよく聞いた。それでも当時の僕は必要な犠牲だと自分に言い聞かせていた。そして、都合の悪い事は耳に蓋をして聞こえないふりをしていた。

再度言いたい。本当に申し訳なかった。

全てが異常だった。当時の僕は一体、何と戦っていたんだろう。

営業を始めたのは、ただ、もっと幸せになりたかったからだ。

多くの人が望むのと同じように、働いて、しっかり稼いで、好きなクルマに乗って、大きな家に住んで、幸せな家庭を築きたかった。ビッグモーターのほとんどの社員がそんな人たちだった。

だが、数年働いて結果を出していくうちに、そのレールから降りられなくなる。望んでいたよりずっと高い年収を手に入れて、もう十分な筈なのに、もっともっとと、戦う。利益至上主義に染まってしまい、抜けられなくなる。

閉ざされた世界の中での戦いは世間の当たり前とかけ離れていく。

僕はたまたま抜けられたが、盲目的にトップの方針が全てだと思い、従ってきた。もちろん自分なりには正しい事だけをしてきたつもりだ。だけど、その中で手に入れ、広めてきたノウハウは全て正しく使われたとは言えない。今現在中古車市場で起きているマーケティング合戦を始めるキッカケにもなり、強引なマネジメントを加速させたかもしれない。


だから僕は、この本を書く事にした。ノウハウの公開だ。

ノウハウの公開により情報を民主化する事で、業界のレベルアップに少しでも貢献したかった。ライバルともノウハウを共有して、そのお店を利用するユーザーのクルマ選びが少しでも楽しくなって欲しい。この本で書く内容は他では得られないと思う。僕にとっては生きる手段として命を削りながら考えたノウハウだ。僕の命の使い方そのものを書いている。小手先のテクニックとは違う。

26歳で大手企業に勤めるまでの僕は土木の現場で働いていた。中卒の僕にとって大企業でスーツを着て働くだけで夢のようだった。掴んだチャンスを絶対に手放さないように、命懸けで毎日真剣に考えた。人生を取り戻すと一分を惜しんで死ぬ気で行動した。毎日鏡の前で、「やれよ!」と自分に言った。「気を抜いたらあの頃に逆戻りだぞ」と。時には倒れたり、血尿を流しながら、それでも休まず働いた。周囲からは何かに取りつかれたように見えていたらしい。

毎日命を燃やしながら働いた。今日まで手を抜いた日は一日もない。他の人とは覚悟が違った。もう一日も無駄にしたくなかった。一秒でも早く成長したくて必死だった。

そうやって、26歳の未経験から、入社1年で全国トップになった。その半年後に初店長。その後、超大型店舗での店長やエリアマネージャーを経験した。売りまくった。その実績を認められて営業本部に抜擢された。マーケティング、マネジメント、仕入、採用、教育、グループ会社の再建等、自動車販売に関する仕事のほとんどを経験してきた。

当時を振り返っても異常な出世スピードだったと思う。持ち場で誰よりも結果を出し、全員を黙らせるだけの数字を常に出し続けてきた。ビッグモーターに入社してから退職するまでの約10年間、プライベートを捨てて、全てを捧げていた。

その後、一人でプレハブからスタートしたＢＵＤＤＩＣＡも、創業5年で販売台数四国№1を獲得した。

僕たちは、これまで業界で培った全てを「商品力」に注ぎ込み、２０２２年度オートサーバーでの販売台数日本一を獲得した。品質の五つ星認定もいただき、業販日本一と言われるまでに成長した。

そして、その商品の全てを、全国のライバルにも開放している。

ＢＵＤＤＩＣＡはこれまでのライバルを「競争関係」から「共闘関係」へと再定義し、自分たちの「商品」をライバルと一緒に市場に届けてきた。

創業時、商品を開放すると話すとあらゆる先輩方が、「絶対にうまくいかない」とアドバイスをくれた。だが、今のところ、これまでの誰よりも早く組織を成長させてこられたと思う。

この創業からの急成長を支える土台になったのはビッグモーターでの経験だ。今回世間を騒がせているような、不正なんかじゃない。この本には、真っ当にやってきて成功した部分や、繰り返して欲しくない失敗を余すところなく書いた。

自分自身が数々のトライ＆エラーを繰り返し、時には小便に血を混じらせ、内臓を痛めながら手に入れた、僕にとっては数少ない、大切な財産だ。

現役のビジネスパーソンや、これからクルマ屋を始めたい人、営業マン、マネージャー、経営者の皆さんが当事者として読めるように書いた。
課題を解決していくノウハウは失敗から始まっている。当時を思い出しながら書いたが、苦しい時がほとんどだった。本当に壁にぶつかってばかりだったなと改めて思う。当時の自分のように、今現場で戦っている全ての人の力になればと僕の人生と重ねて書いた。

本書は3部に構成が分かれている。

Chapter 1では営業とは何かを再定義し、クルマの売り方を具体的に説明する。クルマ業界の人はもちろん、営業職に就く全ての人に意味がある内容だと思う。
Chapter 2では店舗マネジメントや組織運営について。僕の生々しい実体験を通してマネジメントの本質を伝えている。まだビッグモーター騒動の根源にも触れている。
Chapter 3ではビッグモーターの崩壊の理由と僕が革命を決意した事について書いている。

どこから読んでもらっても構わない。Chapter 1、2は超実践的なマニュアルだ。成長ステージに合わせて何度でも読み返せるように意識して書いている。読み終えたら試して欲しい。改善点を見つけ、翌日アクションして欲しい。

この本は当初、ビジネス書として全国10万社を超えるとも言われている自動車販売店の方に向けて書いていたが、ビッグモーターの一連の報道によって大幅に加筆修正する事にした。組織ぐるみの不正や犯罪とも呼べる問題の根幹になっている組織風土にも触れている。絶対に同じ事を繰り返してはならない。

金儲けの為に誰かを苦しめたり、傷つけたり、誰かの笑顔を奪うような事は仕事とは言わない。

本来仕事とは、誰かの笑顔を増やす事の筈だ。

本書は、極端な利益至上主義に対する、クラクション（注意喚起）でもある。

２０２３年８月
株式会社ＢＵＤＤＩＣＡ（バディカ）
代表取締役　中野優作

目次

はじめに　3

Chapter 1　営業活動　17

1. 営業の新時代　18

トップセールスになるには？　18
売るべきものを間違えるな　20
営業力は「個」の時代に突入　23
小手先のマーケティングはもう使えない　24
SNSで「個」を発信せよ　26
「リープフロッグ」を決めろ　28
小手先の差別化は無効化される　30
新時代の営業とは　34

2. 営業の実践 38

営業の役割は「お客様の人生を想像し、充実させる事」 39
お客様の「選択肢を増やして、選んでもらう」 42
ミニバンを探しに来た人にコンパクトカーという「選択肢を提供」する 43

3. 商談は順番が9割 47

順番を制するものが、トップセールスになる 47
商談① 初対面——「安心感を与える」 52
・初対面で与えたい3つの印象 53
・メラビアンの法則 54
商談② アイスブレイク——第一の壁「信用の壁」を破壊せよ 58
・自信を持って対等に接する 60
・相手のリズムで、話したい事を話してもらう 63
・共感しまくる 64
・アイスブレイクの入口 66
・外見の特徴から褒めていく 69
・乗って来たクルマの特徴から入る 71
商談③ 情報収集——「選択肢を増やす」 73

・会話の突破口は2パターン 75
商談④ 差別化——第二の壁「競合の壁」を破壊せよ 80
・安心安全の観点から他社と差別化する 82
・オーダーメイドのクルマ探し 89
商談⑤ 車種選定——第三の壁「欲望の壁」を破壊せよ 92
・購入後の想像をすると欲しくなる 94
・今のクルマと比較して、乗っている自分を想像してもらう 97
・車種比較による、選択肢の提供 100
・変数を減らして、お客様が選びやすく 104
・営業にとってのネックは、お客様にとっての希望条件 111
商談⑥ クロージング——第四の壁「時期の壁」を破壊せよ 112
・クロージングとは「締めくくり作業」 114
・最後はプロとしての演出 115
・ステップ1 116
・ステップ2 117
・ステップ3 118
本章のおわりに 121

Chapter 2 店舗マネジメント 127

1. マネジメントとは 131
マネジメント――初めての店長 134
組織のやる気を引き出す 135
①やりがいのある目標設定 139
システムエラーの発見とゴール設定 141
ボトルネック発生 147
別のボトルネックが見つかる 152
ガムテープぐるぐる巻き作戦 154
②貢献意識を持たせる為のフィードバック 157
記録的販売台数を達成 159
③トップセールスまでの道のりをイメージさせ続ける 160
新人だからできたマネジメント 161
2. 店長の役割 166
新規出店の店長に抜擢 166
前途多難の出発 168

いざグランドオープン 171
マネジメントの失敗とその代償 173
過労死寸前からの更迭 175

3. 超大型店でのマネジメント 185

店長の役割は3つ 188
権限の委譲とクレームの撲滅 189
部門を超えた連携 191
商品管理「商談数を増やす」 193
ランチエスター戦略 196
商談管理「成約率を上げる」 201
再商談にゴール設定する 203
売掛管理「回転率を高める」 206

4. 営業本部の役割 212

ルールの公表と店長マニュアルの作成 215
現場指導 218
部長職 219

5. 事業再編

事業再編 224

ビッグモーターを去る決意 226
最悪のスタート 229
断捨離の実行 232
レジェンドの退場 236
退職ラッシュ 241
カリスマ店長の退職 243
奇跡の土日フェア 246
社内の確執 248
崩壊への序曲 250
兼重社長への内部告発 254
最後の仕事 256
ゼロからの再スタート 262

Chapter 3 ビッグモーターの崩壊と流通革命 267

業販専門店BUDDICA 268
歪になっていく業界構造 270
不正を生んだ異常なインセンティブとプレッシャー 271
主語が「お客様」から「お金」へ 273
「流通革命」の準備 278
業界に激震が走る報道 279
新体制によるプレッシャー 280
もう逃げ切れない 281
顔を出してクラクションを鳴らす 283
止まらない報道ラッシュと変わらない沈黙 285
捨て身のメッセージ 290
市場から驚きの反響 294
記者会見　兼重社長退任 297
クルマ屋2・0 302

おわりに 305

Chapter 1
営業活動

1. 営業の新時代

トップセールスになるには？

「中卒の未経験から始めて、何故トップセールスまで最短でいけたんですか」とよく質問される。こういう質問を受けると決まってこう答える。誰よりも考え行動したから。するとと具体的には何をやればいいんですか、と次の質問がくる。何百回、何千回と繰り返してきたやりとりだ。

僕がビッグモーターに入社した時に初めに教えてもらった事は、「買うまで帰らせるな」だ。それに加えて、オプションなしが希望ならば、売らないでいいというルールだった。売り手都合の販売方法だった。

お客様の課題によってアプローチが違えば対処法も違う。だからまずは聞く事から始めるべきで、話す事じゃない。だけど実際の現場では、店の売りたいクルマを売ってくるような指導を受けた。トークスクリプトを作って商品説明のロープレをやらされ、セリフを丸暗記した。これでは売れないと理解していた僕は、自分なりの商談を追い求めた。

上司の言う通りのトークスクリプトを真面目に練習していた同期の仲間たちは、結果が出ずに辞めていった。

こんな事が皆さんの会社でも起こっていないだろうか？

高いノルマ設定と強引なマネジメント、売り手都合の商談を押し付けて、本来お客様が望むようなサービスを提供できているのだろうか？　それ以前に、そもそもお客様が話す気になるような、身なりや立ち居振舞いを、君はできているのか？

クルマに限らず物を売るには不変の法則がある。何十年も前から言われているような事で、時代が変わろうとも本質は変わらない。それをまずは受け止める事から始めよう。言い方は変わっても本質は同じ。魔法のような必殺技など存在しない。稀に生まれ持った特殊な才能で変わった売り方をするトップセールスもいるが、特別な必殺技なんか存在しない。

大切なのは、自分の課題を把握し、正確に対処する事だ。

これから僕が書いていく事は、ビッグモーターに全くの未経験で入社した26歳から41歳まで15年の間に経験し、乗り越えてきた僕の全てだ。成長していく巨大組織の中で、自分の成長ステージによってぶつかった壁は様々だった。これまでいくつもの壁を破壊してきたが、その壁の破壊方法や、それを仲間と共有して効果が高かった事を、順を追って書いていく。

僕も初めは、言われるままに商談していた。

熱意という名の押し売り商談や、お客様に泣きついて買ってもらうようなお願い商談もやっていた。周囲もそうだった。極端な成果主義の営業会社において、とにかく売れというメッセージは、営業間での競争原理を働かせ、なりふり構わず売っている人を増やした。

だけど、そんな事は続かない。短期的な成果が上がるだけだ。

これから書いていく事は、押し売り商談から脱却して成果が上がるようになった僕が、実践して手に入れたメソッドだ。

僕が全て正しいと言うつもりは全くない。

それでも今までこの業界において、自分の持ち場では誰よりも結果を出してきたつもりだ。その過程を時系列で書いていく。今の自分に課題があれば、現状やっている行動との「間違い探し」をしてみて欲しい。

売るべきものを間違えるな

多くの人が営業という仕事を勘違いしている。

そこから始めていきたいと思う。僕は新人の頃、先輩が決まらないと判断して「捨てた」商談によくアタックしていた。この店では買わないという結論が出て帰ろうとしているお客様だ。何故商談を捨てるかというと、成約率が下がると店長に詰められるからだ。だから難しいと判断したら商談をなかった事にする先輩が多かった。

打席に立つチャンスが限られた新人にとってこれは貴重な機会だ。先輩が捨てた商談だから行っても怒られない。新人の僕は先輩が見切りをつけたこういったお客様にもガンガンアタックしていた。

すると同じ店で少し前に「今日は買わない」という結論が出たお客様なのに、契約になる事がある。それもかなりの頻度だ。そういった事が1年の間に何十回もあった。これはどういう事だろう。

僕は今でもそうだが、クルマに疎い。クルマの持つスペックやグレード、装備などは未だに覚えられない。百戦錬磨の先輩、それこそ毎年表彰台に上がるようなベテランの先輩では決まらず、後に行く素人の僕がバンバン契約を取っていく。当時はこの時に起きている事を正確に把握できていなかった。若くて感じがいいからだと言われて、そういうものかと思っていた。

では世の中の感じのいい新人は売れているのか？　いいや売れない。商談はそんな簡単なものじゃない。僕も新卒を採用して教育する立場になって理解した。感じがいい事は必要だが、それは営業のほんの一要素に過ぎないし、当時の先輩だって今考えれば十分若くて感じのいいイケメンだった。

では何故素人の僕が売れたのか？　それは、「クルマを売ろうとせずに、クルマのある生活を売ろうとしていた」からだ。商品説明をせずに、お客様がクルマに求める事を一緒に考えて、相手の立場になって一緒に探していた。

これが営業の本質だと思う。「ドリルを売るには穴を売れ」はマーケティング業界ではよく言われる言葉だが、お客様にとってのクルマとは、移動手段以上の「何か」が必ずある。その「何か」を引き出して、限られた条件の中で選択を提供し、最適解に導く。そこにはもちろん楽しさも必要だ。

ここには血の通った人と人とのコミュニケーションがあり、自分が経験してきた事や見てきた事、その時の感情やこれからの希望や不安、色々な要素が複雑に絡み合ってくる。つまり、「あなたがいるから安心して任せると言われる事こそ」が営業の役割だ。だから、どんなにこのお店にテクノロジーが進化しても営業は代替不能と考えられている一番の要因だ。現場でやっていれば分かる。こんな高度な事は人間にしかできない。

営業力は「個」の時代に突入

営業は、「個」の時代に突入する。

それも、これまでとは全く比べ物にならないほどにだ。

これはクルマ業界に限った事ではないが、「どこの誰から買うか？」が大きなファクターになってくる事は間違いない。

要因はスマホの普及だ。消費者はスマホを開けば瞬時に欲しい情報を手に入れる事ができる。気になる車種を絞り込み、価格順に並び替えるまでに数分もかからない。20年前までは考えられなかったが、この情報革命を制した覇者が、今現在、全国展開している大手の数社だろう。

スマホで安い店を調べて、買いに行く。今では当たり前の事だが、20年前は月に1回発売される雑誌が頼りだった。そこからインターネットに素早く移行した大手は車両の本体価格を徹底的に安く表示した。検索上位に来る店にお客様が集中し、その小手先のマーケティング勝負を制した大手に多くのユーザーが流れていった。ここ10年の動きはそんな感じだろう。総額表示義務がなかった事もあり本体価格をいかに下げるかがポイントになった。下げた分を諸費用やオプション、オートローンや保証、付帯サービスでいかにうまく稼ぐかが現在の勝負になっている。

大手を筆頭に色々なサービスが生まれた。オイル交換永年無料。車検付きパック。1万円リース。返品保証。10年保証。残価設定。新車のサブスク。

一時的には差別化できるだろうが、集客できるサービスはすぐに真似されて流行ってしまう。そして当たり前になり、いずれは古いサービスになる。そもそもが、お得なサービスではなく、お得に見えるサービスでユーザーを呼び込んで、キャッシュポイントをズラしているだけだという事に、大半のユーザーは気付き始めている。

それでも、乗り遅れた人たちはかなり苦しめられたと思う。ビッグモーター在籍時にこの流れを仕掛けた側の人間として申し訳なく思うが、それももう終わる。

2023年10月からは中古車の支払総額表示が義務化される。安価な車両価格でユーザーを集客し、保証や整備の購入を強制するという販売手法が厳罰化されるようになった。

これまでのような小手先のマーケティング勝負から、クルマの品質と営業マン「個人」の信用の勝負になる。これからが本当の戦いだ。

小手先のマーケティングはもう使えない

昔は儲かった。当時は今の何倍も粗利を取っていた。そういう話をよく耳にする。この本を読んでいないようなレジェンド級の方々と顔を合わせると、同じ話をよく何十回もできるものだなと恐れ入る。でもよく考えて欲しい。10年前は良かったと言うなら「今やり直せよ」と僕は思う。

時代の逆行はありえない。むしろ情報革命による価格競争は当たり前で、いずれ品質も可視化され品質にはほとんど差がなくなるのは目に見えている。他の業界でもそうなってきている。法整備がされて行政が本気で動き始めた今、この動きは加速する。

初めて支払総額表示が義務化され、保証やオプションを強制的に売る行為を取り締まる罰則ができた。これからはこのルールに合わせたインフラが日進月歩で進んでいく。当然、テクノロジーの進化は加速し、競争が激化していくだろう。既に多くのプラットフォーマーが何百億もの投資を行い、激しい覇権争いを始めている。

ルールが明確化され、全ての情報が可視化され、品質に差がなくなる。これからはより多くのユーザーに認知され、人気と信頼を勝ち取れるお店や人に注文が集中していく事になる。

営業の新時代の幕開けだ。

SNSで「個」を発信せよ

商品力や価格以外で差別化を狙う企業は、自社のYouTubeチャンネルやInstagramを開設し、個人単位でもTikTokやX（Twitter）で発信している。弊社もYouTubeやInstagram、TikTok、X（Twitter）多くのSNSで情報を発信している。こういったSNSからの問い合わせ件数は、既にカーセンサーやグーネットを超えてきている。数年後にはこれが当たり前になるだろう。

「あなたがいるから、このお店でクルマを買うよ」

これを毎回言ってもらう状態を作っていくという事だ。

感動を提供し、口コミサイトで評価してもらう。評判から紹介が生まれ、その輪がどんどん広がっていく。美容業界や飲食店では当たり前の流れだ。クルマ屋では本気で取り組んでいる企業はまだまだ少ないと思う。

ビッグモーターの不正を多くのマスコミが取り上げた事で、SNSをやっているお店や個人の競争優位性は加速する。業界最大手なら安心だと思っていた多くのユーザーを裏切った。看板の大きさによる信用が完全に無効化された。

自動車業界において個人に紐付く信用は、他業種とは比べ物にならないほど重要になっていくだろう。

まさに今は、営業が「個」を確立する大チャンスだ。

現代の若者の多くは、信用できるお店を探すのにどうやっているか？

食べログやGoogleマップの評価よりも、ＳＮＳから情報を収集している。僕なんかでもグルメな友人がInstagramに美味しい！　とアップした寿司屋さんには行くし、映画好きの知り合いがＸ（Twitter）で面白い！　と投稿した映画は見に行きたくなる。

ＳＮＳで発せられる「個」からの情報は、どこの誰が付けたかも分からない何百の評価を凌駕する。

ありがたい事に、僕からクルマを買えるなら高くてもいい、という人が、全国に大勢いる。恐らく僕が「Ｚｏｏｍで商談します」とＳＮＳで発信すれば、毎月１００台や２００台は簡単に売買できるだろう。

これは僕が普段からＳＮＳを通じて発している忖度なしのコメントや情報発信により「個」が確立され、フォロワーから信用され、応援されているからだろう。

僕の今の役割は経営だから商談はできないが、これを営業がやれるようになれば無敵だ。今、弊社の社員にも少しずつＳＮＳのファンが生まれ、このようなＳＮＳからの販売が増えてきている。

売り方が変わっていく。「個」の見える営業こそが残っていく時代になる。

インターネット以前と以後ぐらい変わっていくだろう。この事実を皆さんはどう捉えるだろう？　どうせ大手にやられると思考停止していないだろうか？　そうだとすれば残念過ぎる。10年後に10年前は良かったとまた言う事になる。

この流れは我々のような後発ベンチャーや、中小企業、新人営業マンからすると下剋上の大チャンスだ。

ここで勝負しないでいつやるのか。

それぐらい、営業においての時代の転換点だと僕は考えている。

「リープフロッグ」を決めろ

「リープフロッグ現象」という言葉をご存じだろうか？

新興国が新しい技術を導入するとそれまで技術が遅れていた事でかえって「かえる飛び」のように先進国を越えていく事だ。

たとえると日本と中国の関係だ。既存のインフラが既に整っていて、現状にある程度の満足をしてしまっているから変革できない日本。その間にインフラが整ってなかった中国が一気に最新のテクノロジーを導入し、あっという間に経済規模では抜き去られた。

これを営業でやればいい。

個人でSNSを駆使し「個」を確立すれば、リープフロッグが可能だ。

あなたが大企業の社員でも、中小企業の社員でも、個人事業主でも構わない。SNSは、後発でも圧倒的に差別化できる強力な武器なのだ。

なぜなら、今市場のゲームを制圧している大手企業アカウントでは本当の意味でのSNSの活用はできない。会社名を検索してみればいい。ユーザーからのネガティブな情報が溢れ過ぎている。

発信すれば自分たちの首を絞め、特大ブーメランが戻ってくる。

リクルートやキーエンスの営業マンが会社名をアカウントに入れるのは普通の事だが、大手のクルマ屋ではそういう個人アカウントはほとんどないだろう。逆効果を恐れて、彼らは名乗れないのだ。

もしあなたが大手の営業マンなら、自分「個人」としてやるべきだ。

間違いないクルマを誠実に販売すると発信すれば、他の営業マンと圧倒的な差別化になる。

もっとも恩恵が大きいのは小規模店舗だ。SNSをやらない手はない。

小規模店舗は、大企業の巨大な資本と戦ってきた。僕も仕掛けていた側だ。申し訳なく思う。圧倒的な資金を投入し、タレントを起用したＴＶＣＭや折り込みチラシと戦うのは本当に厳しかっただろう。

だが、時代は変わってきている。これまではお金で信用を買えていた。最近の若者はＴＶを見ないし、紙の新聞や折り込みチラシもほとんど見ないだろう。主な情報収集はＳＮＳになってきている。そして、お金で買った広告よりも、損得のない「個」からの発信の方が信用できると考える人が多くなってきている。

価格や品質に差がなくなり、スタッフ「個」の時代になる。

それを発信する最強のコミュニケーションツールであるＳＮＳを現代の覇者は使えない。巨大な相手だが、相手の動きは遅い。これにＳＮＳという武器を使い、機動力をもって戦いを挑めば勝機はある。

持たざる者が勝つ大きな波がきた。乗ろう。

ＳＮＳで「個」を確立し、リープフロッグを決めよう。

小手先の差別化は無効化される

営業における差別化とは一体何なのか？

クルマ屋における差別化は一体どうやったらできるのか？

こう考え始めた時によく陥る罠が、奇をてらったマーケティングやPRだ。奇抜なデザインの店にしたり、嫌がるスタッフに被り物を被らせて表に立たせる企業も多い。もちろん一定の効果はあるし、何も変化しないよりははるかにいい。だけどその場しのぎのマーケティングで信用は得られるのか？

あるお店はコンパクトカー専門店から軽自動車専門店になり、その後ハイブリッド専門店になり、今はSUVも並べて結局何の店なのか分からなくなっている。

コンサルの言いなりで「その場の集客」だけを考えて手を打つとこうなりがちだが、ユーザーからはどう見えるだろうか？　売れていないから商品を変えまくっていると思われるだろう。実際そうだ。小手先のマーケティングは真剣なユーザーに見透かされてしまう。

サンキュッパ（39・8万円）専門店や、1万円リース、各種専門店が多く生まれた。ランチェスター戦略やブルーオーシャン戦略とコンサルに言われるままにやっている会社の現状はどうだろうか？　今でも商売繁盛しているか？

長期的に見ればうまくいっていない会社の方が多いだろう。

真新しい商品で目を引いて集客しても、すぐに飽きられて終わりだ。そしてまた別の真新しい何かを始めなければいけなくなり、ユーザー目線ではブレブレの経営に見えて、かえって信用を失う事になる。

そういう企業から僕の元に経営の相談が絶える事はない。

もちろん中にはうまくいっている企業もあるが、それは奇抜なビジネスモデルが当たっているんじゃない。本質は別のところにある。

僕の知っている未使用車専門店で成功している店舗は、「組織作りと品揃え」で地域のポジションを取っている。圧倒的に安い。低価格を成立させる為の徹底した業務の仕組化に成功している。

まず、安さを実現する為に、人件費を徹底的に抑えている。

報酬よりもビジョンに賛同してもらえる人だけを採用して教育する。若くて感じのいい元気なスタッフを揃えても軽自動車の未使用車専門店の場合、知識の浅い人でも、中古車に比べて取り扱いが簡単だ。専門的な知識が少なくても売れる。

次に在庫の仕入先と展示場サイズ、資金調達が必要だ。

軽自動車の未使用車を専門に扱うと新車との価格差を出す為、どうしても粗利は低くなる。その分、数を売る必要があるが、その為には大量の在庫を仕入れるコネクションが必要だし、それらを並べる展示場サイズもセットで必要だ。もちろんそれを可能とする資金調達力も必要不可欠となってくるが、この点も彼らはクリアしている。

更にキャッシュポイントの多さだ。

彼らはクルマを売るだけではなく、その後のバックエンド商品として、任意保険や、車検工場、板金工場を併設し、アフターサービスでもマネタイズしていく事を設計している。

売る時は薄利でも、売った後のサービスも少しずつ粗利が落ちていくように仕組化されている。完璧だ。ここまでやられるともう後発で参入する気がしない。やったところで儲からないだろう。

鮮やかに先行で逃げ切って地域のポジションを取っている。これが本当の差別化だ。また、これらの店は若手のイケてるスタッフを前に出して、常にＳＮＳで発信を続け、顔出しで「個」を確立している。彼らはライフスタイルに合わせた提案を発信したり、クルマを並べて比較したりしている。軽自動車の未使用車はデザイン性優先で選ばれる事も多いので、ＳＮＳでの動画の発信はかなり相性がいい。

更に言えば、ユーザーはクルマ毎のスペックやうんちくにはあまり興味がなく、知りたいのはそのクルマに乗ってみた感想やおすすめポイントだ。ＳＮＳでは、その専門店で働くプロの意見を忖度なく比較して発信しているから信用が得られている。

こういった店舗の差別化とスタッフ「個」のＳＮＳによる発信力がセットになれば、後発を寄せ付けない強さになる。

あなたの店で他社との差別化を考え始めた時には、このように本質的な差別化を狙ってみて欲しい。目先の集客だけの小手先のマーケティングではなく、継続して集客のノウハウを積み重ねて行けるような他社との差別化を狙っていこう。

この本を読んでいるあなたが営業マンなら、自分が既に強烈なコンテンツであるという事を是非自覚して欲しい。ユーザーは「その道のプロならどうするの?」が知りたいものだ。情報元の特定されたプロが発信する情報は、お金で雇われたタレントから発信される情報とは全く質の違う、強力なコンテンツになる。

個人として普段から専門性の高いお役立ち情報の発信をSNSでやっていこう。それに加えて自分のライフスタイルの良い部分を切り取って出していこう。

他社の営業との差別化を図り、自分だけの信用を勝ち取る。これからは信用経済の時代。勝ち取った信用は換金できる。

SNSを使った「個」による発信こそが全ての差別化のポイントになる。

新時代の営業とは

この本でこれから紹介していく売り方を全て実践してもらえれば、「あなたがいるから、この店で買う」「この会社のファンだ、またお願いしたい」といった声が増えてくるだろう。これまでより、圧倒的に数を増やしていける。

BUDDICAでもオープン1年の店舗、入社1年の社員が紹介やSNSだけで月に10台以上売る。彼らはまさに「新時代の営業マン」だ。当然コミットメントも高く報酬も高い。真っ当なビジネスで稼いでお客様に感謝され、そして日本人の平均年収の倍を超える報酬を得ている。

外資系の保険会社や金融系、あるいはテクノロジー企業における「営業」では当たり前の事だ。彼らは当たり前のように1000万円~2000万円の年収を稼いでいる。それだけの価値が「営業」にはある。

クルマ業界も一部の会社だけではなく、全体としてそうなるべきだ。特に中古車を扱う営業は専門的な知識や信頼が問われる。売った後のお付き合いまである高度な専門職だ。できればしっかり稼いでもらいたい。

その為には、営業としての「個」を確立し、ユーザーに信頼されるだけの、質の高いサービスや情報を提供する事が不可欠だろう。

営業は企業の前輪だ。営業が変われば企業が変わる。

仕事が生まれ、サービスが発生し、コミュニケーションが始まる。

価値ある顧客体験を提供したその先にユーザーの幸せがある。顧客満足度を積み重ねる事で、企業は更に成長し、雇用が生まれていく。

ユーザーにとっての「クルマ」は家の次に大きな買い物と言われる、何年かに一度の大イベントだ。信頼できる営業から、間違いのない1台を買いたいし、その買い物で満足できたら、それ以降も同じ担当者に任せたい筈だ。家族ができてライフスタイルが変わった時や、子供の初めてのクルマ選びまで長いお付き合いができるような形がお互いにとって理想的だろう。

こういった信頼関係を構築できるような「営業」はコンサルタントやITエンジニアと同じように評価されるようになっていくし、そうでなければ「営業」が一緒にクルマ探しをやる意味はない。


ここまで業界で起きてきた事や、これから営業がやるべき事を中心に書いてきたが、ここからは実践を中心に書いていく。

僕が現場に入り込み、営業ロープレで実際に指導してきて、「トップセールス製造機」や「中野再生工場」と言われてきた内容だ。

読んでもらえば、強烈な営業会社で学んだ強引な売り方とは、全く別物だと分かるだろう。お客様も営業も楽しくなるような、クルマ選びの現時点での僕なりの最適解だ。

チャレンジし、失敗した数が他の人とは全く違う。失敗から立ち上がる為に工夫した量、読んだ本の数や、実践経験が誰よりも多いと思う。僕は常に勉強し、現場で戦いながら、先人たちの歴史や哲学、あらゆる他業界の営業手法を取り入れて実践し続けてきた。そして何より、売ってきたクルマの台数と、戦った数は他の人とは比較にならないだろう。

同じ事を同じようにやれば必ず結果がついてくる。

読んで行動し、できるようになるまでやる。やれば必ず結果が出る。結果が出ないなら量が足りない。

できるようになるまで、何度でもチャレンジして欲しい。

2. 営業の実践

26歳、入社したばかりの素人の僕には違和感があった。ロープレでやるような事を実践では誰もやっていない。新人用のトークスクリプトを渡されたが、売れる先輩はそんな事を、誰一人としてやっていなかった。でも店長はこれを見ろ、練習しろと渡してくる。直感的に分かった。これじゃあ売れない。絶対にダメだ。それは僕が最も嫌いなうんちくを押し付けてくるカタログ営業だ。ポジショントークのマシンガン。そんな事で売れるわけがない。

皆さんも経験があると思う。営業の役割をしっかりと定義できていないからこうなる。主役はあくまでお客様で、営業はあくまで補助に過ぎない。こっちが売りたい商品を押し付けるのは営業じゃない。それに、お客様の要望を聞いて資料を出すだけの御用聞きも、営業とは言えないだろう。では、営業の役割とは何なのか？　そのあたりから始めていきたいと思う。

営業の役割は「お客様の人生を想像し、充実させる事」

全国でクルマ屋は何店舗あるだろうか。

あらゆる資料を集めても正確な数は掴めない。どこまでをクルマ屋というべきだろうか。カーセンサーやグーネットに登録している店舗は約3万店舗存在する。日本自動車整備振興会連合会への登録事業者は10万社を超え、SS（ガソリンスタンド）も最近ではクルマの販売に力を入れているし、板金業者やレンタカー事業者でクルマの販売を始めた業者も多い。

販売台数の大小はあれど、クルマを売る現役のプレイヤーは恐らく15万人〜20万人か、もっといるかもしれない。クルマを扱うプロがこれだけ多く存在する。

それでは「クルマ屋」のあるべき姿や役割はどう定義すればいいだろうか。販売環境により全く異なる。展示場に何百台も並べる超大型店と、在庫数台で商談する整備工場、全く在庫を持たずに無在庫で商談するSS（ガソリンスタンド）とでは全く売り方が違う。

だから、売り方ではなく「営業の役割」が重要だ。お客様目線で考えた場合の営業の役割は「お客様の人生を想像し、充実させる」事だ。これは業態が違っても不変の役割だ。

世の中の多くの営業マンはここを間違えている。だから自分都合のゴリ押し営業や、相手の言いなりの御用聞き営業、商品説明ばかりするカタログ営業が生まれてしまう。こういった営業は必ずお客様と戦うVSの構図になってしまい、お客様も営業も、クルマ選びが楽しいものではなくなり、商談が終われば疲れ果ててヘトヘトになってしまう。

では具体的に営業としてお客様への提案方法はどうすればいいだろう？

それは、「選択肢を増やし、課題解決する事」だ。

お客様の課題を解決するという点において前提条件は様々だが、営業は商談の主役を100％お客様に置き換えて、選択肢を増やす事を重視しよう。

予算100万円で、走行距離は3万km以内、ボディ色は黒のN-BOXが欲しい、と言われて、それを探してみせるだけなら誰にでもできる。家でカーセンサーを見るのと何も変わらない。我々がやるのはそうじゃないだろう。とは言え、そこでクルマを見せずにいきなり情報収集を始めたらどうだろう？

購入時期はいつか？　他に回りたい店はあるのか？　一人で乗る？　通勤距離はどれくらいか？　以前はどこで買ったか？　買うにあたって相談する人はいるのか？　どうだろう。うんざりするだろう。僕ならこんな営業マンは耐えられない。

こういった経験をされた事は皆さんもあるだろう。見たい商品を見せてくれずにひたすら質問攻め。営業マン都合の地獄のような時間だ。

つまり商談は、順番やバランスが大切だ。アンケートや情報収集も必要かもしれないが、それによって相手の購買意欲を下げてしまってどうする。そんな事は後でいい。気分よく流れるようにクルマ選びに入っていって、それから話してもらえればいい。そうじゃないとお客様も話す気にならないだろう。

質問攻撃でお客様のテンションを下げて、マイナスからスタート。

これが現場で起きている1つ目の間違いだ。

いくら情報が手元に揃ったところで、お客様の気持ちが上がらなければクルマは売れない。もっと言えば初めに集めた情報に意味はない。クルマ選びをしながら条件なんて変わっていくものだ。

僕はこれまで何万台と自分の持ち場で売ってきたが、最初の希望条件でそのままクルマを買ってもらった事は、5人に1人もいないだろう。誰もが当初の条件が変わっていく。話をしていくうちに、動かせない条件と、値段や商品によっては動かせる条件がある。初めからガチガチに決めてしまうと提案の幅を自ら狭めてしまう事になる。

提案の幅を広げ、お客様の選択肢を増やす事こそが、営業の価値だ。

お客様の「選択肢を増やして、選んでもらう」

課題は人それぞれ違うし、クルマに求める事もバラバラだ。

希望条件のクルマが見つからないというお客様に状況を聞いていくと、希望のクルマがないのではなく、希望の予算では買えない、というケースが多い。

逆に、そもそも課題が何一つないという場合もある。

乗れれば何でもいいというお客様だ。それでも聞いていくと、予算も決まっているし、何でもいい筈がない。他社とも当然比較するだろう。希望予算の中で、できればより燃費や性能が良く、見た目の好きなクルマに乗りたい筈だ。

こういった、様々なお客様に合わせて、最適な対応を選んでいくという事が商談を進める上で一番難しいポイントだろう。

お客様には潜在的な希望があるし、課題があってもうまく言語化できない。どこまでいっても最後は金額次第になるし、金額次第では妥協も必要だ。クルマの内容次第で予算アップもありうる。だから、質問攻めで条件を聞き過ぎると、お客様の選択肢をかえって減らす事になってしまう。

営業がやるべきは、「クルマを比較しながら選んでもらう」事だ。

通勤だけにクルマを使う人なら燃費は気になるだろうし、自宅にもう1台あるかないかで状況も変わる。独身のイケメン男性で女の子にもてたいからポルシェに乗りたいという人もいれば、2人目の子供ができたからミニバンを買いに来たという人もいる。そういったお客様でも3年毎に新車を買う人もいれば、一度買って乗り潰す人もいる。状況次第で規則性はない。本当に三者三様、バラバラで決定権は全てお客様にある。

だから、こちらから何かを提案してハイどうぞと決まるよりは、お客様と一緒に最高のクルマを探していくというスタンスを取っていきたい。

クルマを見て、価格を比較しながら、どちらが好きでお得に感じるか？　選択肢を提供して、選んでもらいながら進めていこう。

ミニバンを探しに来た人にコンパクトカーという「選択肢を提供」する

当初の希望と違うクルマを買って帰るお客様も多い。来店して見比べていくうちに考えが変わる事があるようだ。

2人目の子供が生まれたからそろそろ軽自動車からミニバンに乗り換えようかな。お正月には家族で出かけるから7人乗れたら便利だろうというお客様が来店した。こうい

った お客様は多い。家族が増えたタイミングでのクルマ選びだ。

それでも、最終的にコンパクトカーになる事がある。予算とタイミングの問題だ。実際にあった話を例に詳しく説明していこう。

このお客様はご夫婦とも軽自動車を所有していて、ご主人は通勤、奥様は買い物程度に使っている。先月2人目のお子様が生まれたからミニバンに乗り換えようかなと来店された。奥様のワゴンRの車検が近いらしく、予算は現金150万円だった。

結果的に、買ったクルマはトヨタのルーミーだ。ワゴンRを下取りに入れて乗り出し100万円のルーミーを買ってもらった。

今ミニバンを買うと、中学校までは送り迎えが必要だから、15年は乗る必要がある。でも、15年乗れそうなミニバンを150万円で買うのは難しい。それなら下のお子様が小学校に入学するまでの間は室内の広いコンパクトカーで十分だろう。それからミニバンに乗り換えようという判断になった。

その方が維持費も安く抑えられるし、本当にミニバンが必要になるまで頑張って貯金してアルファードを目指そう。どうせなら子供たちがクルマの価値が分かる頃に、大きなクルマでドライブに行こうとなった。

ミニバンとコンパクトカーの維持費は大きく違う。5年で20万円以上違うだろう。これから子育てにもお金がかかるから少しでも手持ちの現金は残しておきたかったという奥様の希望を叶えられて、大満足してもらった。

恐らくこのお客様は生涯のお付き合いになるだろう。５年後買う時はまた必ず来てくれる。既にこのお客様から何人ものお客様をご紹介いただいた。

これが営業の役割だろう。言われたものをハイどうぞと１５０万円で買えるミニバンを見せても契約は難しかったと思うし、たとえ売れたとしても、本当にミニバンが必要になった時にまた買い替えが必要になる。お客様の負担が大きくなるという事だ。その方が二度売れて美味しいと考える人もいるが、そんな自分都合の愚かな担当の元にお客様が戻ってくる事はないだろう。

今回の提案は、「お客様の人生を想像し、充実させる」という目的で、相手の立場になって真剣に考えたからこそできた商談だ。お客様の条件の範囲内だけで探そうとしたり、目先の利益だけを考えたりしていてはできない提案だ。

一旦コンパクトカーを買って、数年後にミニバンを買うという、お店に来るまでは、お客様の頭の中に全くなかった「選択肢を提供」した事で大変喜ばれた。

ただし、これは成立させるのが難しい。

こちらからいきなり、「コンパクトカーの方がお得ですよ」と進めても成立しただろうか？　難しいだろう。順番がある。１５０万円ではどうやら希望のミニバンは難しそうだと思い始めたタイミングで、僕の引き出しにあったコンパクトカーのカードを出した。それもおすすめしたわけじゃない。同じような実例を紹介して、提案しただけだ。

もちろん他にも選択肢はあった。

新車をローンで購入する提案や、時期をズラしてご主人の車検のタイミングで乗り換える提案や、軽自動車スライドドアの提案もできた。

つまりあらゆる選択肢を最適な順番で出しつつ、お客様の課題を聞きながら、比較してもらい、最適な方法を選択してもらう事が重要だ。

その為には段階を追って話を進めていく必要がある。相手を話す気持ちにさせる為には、リラックスしてもらい、安心感を与える必要がある。

改めて、アイスブレイクから始めていこう。

3. 商談は順番が9割

順番を制するものが、トップセールスになる

僕も営業デビューしてすぐには売れなかった。

最初の2カ月は全く歯が立たずに、初月は50件商談して7台。成約率は14%。翌月も同じようなものだ。言われた事を言われた通りにやったつもりだったが、とにかく決まらない。お客様とは仲良くなれる。いい感じでクロージングまで進む。だが決まらない。どんなにやっても全く売れなかった。店長からは、「売れるまで帰らせるなよ」と怒鳴られながら商談をしていたが、粘るほどにお客様は冷めていき、二度と戻ってこなかった。

そこから1年もかからず全国トップセールスになった。成約率は50%を超えるというところまで成長した。人ベースで考えれば成約率は8割を超えていただろう。

では一体、何が変わったか?

まずは、「商談の順番」だ。地味なところからで申し訳ないが、これが最も重要だと

覚えて欲しい。

スポーツで言えば準備運動をしていなければけがをする。体が温まって初めて最高のパフォーマンスが出せる。それと同じで商談にも準備運動が必要だ。初対面からクロージングまで、段階を分けて、順番に進んでいく必要がある。

僕はクルマを売るのが得意だけれど、それより得意だったのは「売らせる事」だ。僕より売らせるのが得意な人は見た事がない。店長時代、売れない営業マンはとりあえず中野のところに送れば何とかなると言われていた。

実際に猫の手だと送られてきた2人をトップセールスにして表彰台に上げた事も何度もあるし、数時間のロープレで何倍も売れる人間にした事もある。

それが弊社に今いる社員のKだ。彼も中野再生工場の卒業生で、僕に出会うまでの彼は入社1年間鳴かず飛ばずだった。月間アベレージが7、8台で、10台売れるのは年に一度あるかないかだ。そんな彼も僕が数時間、一度ロープレしただけで、翌月26台販売して、エリアでのトップ争いに食い込んだ。

彼は典型的なパターンで、コミュニケーション能力も接客もユーモアも申し分ないが、商談の組み立てを完全に間違っていた。商談の順番だ。

元々ポテンシャルが高い人は、商談の順番を変えて、組み立て方を教えるだけで驚くほど成果が上がる事がある。

僕から見れば、売れない営業にはパターンがある。

✓元気で愛想はいいが商談が組み立てられない
✓お客様とは瞬時に仲良くなるが、最後に逃げられる
✓ベテランで知識が豊富だが、警戒されて懐に入れず決まらない

本当に様々な営業がいる。こういう人たちには正確な要素分解が必要だ。問題を「売れない」と一括りにするからおかしくなる。商談中、自分が今どこにいるのか分からなくなり、動けば動くほど商談の迷路に迷い込む。

今が商談のどの段階で、この段階では何を成し遂げられるか、それで次にどう進めるかを判断していく。もう契約手前で決まる段階なのに、あれやこれやと確認してタイムアップになってしまうケースを何回も見てきた。料理のコースのようなものだ。メインディッシュを先に出されて最後にサラダが出てきても食べる気がしないだろう。商談も同じ。提供する順番を間違えてはダメだ。

初めましてから契約まで、お客様の半歩前を、相手のスピードに合わせながら、手を引いてゴールまで進んでいく事をイメージして欲しい。

商談は、6段階に分けて考える。

① 初対面

②　アイスブレイク
③　情報収集
④　差別化
⑤　車種選定
⑥　クロージング

初対面で注文書を出す人はいないだろう。

商談のクロージングの最中に天気の話や世間話をする人もいない。

何の合意もなく契約する人はいないし、商談の大詰めで世間話をすると契約が流れてしまう。そんな事は分かり切っていると思う。

だが、僕にとっては分かり切った事でも、それと同じレベルの間違いを商談中にやっている人がこれまで多かった。

お客様が来店してすぐに質問攻めを始めてアンケート攻撃をやっている会社は多いんじゃないだろうか？

これはクルマに限った事じゃない。住宅展示場や家電量販店でもよくある。

とりあえず見に行っただけの段階でこんな営業に捕まると最悪だ。

予算は？　希望のメーカーは？　何にお悩みですか？　と言われたところで答えよう

がない。予備知識がないからだ。今からそれを考えるのに、いきなり聞かれても答えようがない。どんどんテンションが下がっていく。

クルマ屋の場合、どうすればいいか考えてみよう。

駐車場に誘導した瞬間、お客様が緊張して構えた感じがする場合は、即座に引くべきだ。ここはまず最高の挨拶だけすればいい。ご来店の感謝を伝えて、一旦自由に見てもらうのがいい。

この段階では「俺は敵じゃないし、売る気は全くないからごゆっくり」と無害な演出を完璧にする事に努めて、ほっとさせる。安心させるのが狙いだ。

そうして展示場を案内して一旦離れてもいい。

そうすればある程度自分の好みのコーナーに行って見始める。価格を表示してあるから予算とかけ離れているものには見向きもしないだろう。

自分の予算範囲で探し始め、まずは目に留まるクルマの前で止まる。

それから値段を見る。距離や年式を見て、次にも目に留まるクルマに行く。

ここで初めに見たクルマより安いクルマを見に行くか、高くて新しいクルマを探すか？　そのお客様の動きから予算や好みが見えてくる。そして次のクルマの前で止まった時。このあたりがチャンスだ。

来店後3分程度、このタイミングで話しかける。

想像してみて欲しい。来店して警戒している段階の人に即質問攻撃を開始するのと、今のタイミングでそのクルマについて話すのと、どちらが有効だろうか？

アンケートや情報収集なんかしなくても、その人の目の前にあるクルマが希望のクルマや予算に近いんじゃないだろうか。

そもそもアンケートでやりたかったのはこれだろう。

こういった商談での考え方を、これから順を追って、6段階に分けて説明していく。

商談① 初対面――「安心感を与える」

初対面の重要性は皆さんお分かりだろうが、第一印象で何を成し遂げたいのか、その為に何をすべきなのかまで考えた事はあるだろうか。

この項ではそこをハッキリさせていこう。

第一印象で成し遂げたい事、それは「安心感を与える」事だ。それだけでいい。本質的には、安心感を与える事で、次の商談を有利に進められるからだ。それ以外の余計な事は考えなくていい。

商談は順番が9割と説明したが、ゴールへの階段を上がっていくようなものだ。初対面から契約のゴールに向かって1段ずつ上っていく。大切なのは順番通り1段ずつ上っていく事。次の階段に繋げる事だ。お客様は相手のテリトリーに入ってどんな担当がつくかも分からない。初めは緊張しているだろう。だからこの段階では次に繋げる為に、「安心感を与える」。この一点に集中しよう。

初対面は1回だけ。次はない。ここで感じが悪ければやり直しはきかない。逆に言えば、ここで「なんか良さそうな人だな」と思わせる事ができれば、これ以降の商談の全てを有利に進める事ができる。

第一印象で「安心感を与える」為に重要な事は3つだ。

初対面で与えたい3つの印象

✓どうしようもないくらい明るく、感じがいい
✓とても自信がありそうで、安心感がある
✓プロフェッショナルだろうという雰囲気が溢れ出ている

この3つはマストだ。練習して欲しい。最強の誰かをお手本にするといいだろう。YouTubeなどで営業動画を上げているトップセールスの皆さんを見て欲しい。この3つを兼ね備えている人がほとんどじゃないだろうか。彼らの身振り手振りや佇まい、話し方や間の取り方、声の大きさや高さ、抑揚の付け方を徹底的に真似よう。何百回も練

習して、自分の話している雰囲気を録画しよう。大切なのは彼らのような雰囲気が出せるようになる事だ。感じよく売れる雰囲気が溢れ出ているだろう。

こういう話をすると、感じが悪いのに売れている営業もいるけれどあれはどういう事だ？　と聞いてくる人がいる。そういう人がいるのはもちろん承知だ。僕が以前勤めていた会社にも営業マンは何百人もいたがトップセールスは変わった人が多い。一言で言おう。

彼らは天才だ。我々のような凡人は真似しなくていい。一見サイコパスにも見えるような暗くボソボソ喋る営業で年間３００台以上売る化け物を何人も見てきた。彼らはとても頭が良く驚くほどユーモアがある。真似してできるものじゃない。少なくとも僕にはとても真似できないし、この本はそういった天才たちに向けた本ではない事を了承してもらいたい。

メラビアンの法則

メラビアンの法則をご存じだろうか。第一印象は3秒で決まる、というあれだ。営業の世界では有名な話だからご存じの方もいるだろう。

「メラビアンの法則」とは、カリフォルニア大学ロサンゼルス校（ＵＣＬＡ）心理学名誉教授のアルバート・メラビアンが１９７１年に“Silent messages”という著者で発表した研究結果を法則化したもので、第一印象は3つの要素から判断され、しかもその時間はわずか3秒～5秒で決まるというものだ。それぞれの要素の割合とともに列記してみよう。

✓言語情報＝話す内容　7％
✓聴覚情報＝声　38％
✓視覚情報＝見た目　55％

驚きの結果ではないだろうか。話す内容、つまりセリフの情報量が少な過ぎる。第一印象は見た目と声でほぼ全てが決まる。極端に言えば話す内容にはほとんど意味がないという事がお分かりだろうか？

メラビアンはこの3つの要素に矛盾があった場合の人の受け取り方について実験してみた。被験者が怒った表情で「ありがとう」と暗い声で言った場合、感謝を伝えたくとも、表情と声が矛盾していた場合は、相手は「ありがとう」（言語）よりも暗い声（聴覚）と、怒った表情（視覚）を優先して受け取る事が分かったそうだ。まあそうだろう。実際にやってみれば分かる。笑顔（視覚）で優しい声（聴覚）で何か怒られた（言語）としても、ちっとも怖く感じない。

前述した割合通り、言葉の内容よりも声や表情の方が相手に対して強い印象を与えるのは感覚として理解できるだろう。

ここで言いたいのは3つの要素が一致してこそ効果を発揮するという事だ。誤解しないで欲しいのは「話す内容は二の次」といった事ではない。多くの企業は話す内容やセリフを練習させているだろうが、表情や声の出し方まで徹底して練習している企業は少ないだろう。僕が知る限りクルマ業界ではない。

つまりこれは自分でやりなさい、という領域だ。だからこそ差がつく。

具体的なポイントを押さえていこう。

✓視覚情報
・身だしなみを整える
・笑顔を常に意識する
・相手の目をまっすぐ見て微笑みかける
・背筋を伸ばして美しい姿勢を保ち、所作を丁寧に

✓聴覚情報

・話すテンポを相手に合わせる（早口の相手には早口で、ゆっくりの人にはゆっくりと。物静かな相手には言葉の量を調整する）
・声のトーンはやや高めで、相手のテンションの少し上ぐらい
・相手の名前を適度に呼び、共感する

✓言語情報
・言葉使いを丁寧に
・ポジティブな言葉を使う（「楽しみにしていました」「嬉しい」「ありがとうございます」「最高ですね」）
・共感する、頷く（「とても分かります」「仰る通りです」「僕もそう思います」「よくご存じですね」）

初対面は自分の気持ちを作って商談に臨まないといけない。

この対応で次の会話の流れが全て変わってくる。最初に好印象を与えてしまえば全てを有利に進める事が可能だ。

僕も日常はユーザーの立場で色々なところで買い物をするが、初対面が悪かった人で仕事ができる人を見た事がない。職業柄大きな買い物をする事が多いが、そういう担当

者とは絶対に仕事はしない。

冒頭にも書いたが、初対面は1回だけ。やり直しはきかない。その時どんな精神状態だったとしても、お客様がご来店されたら気持ちを切り替えてスイッチを入れよう。クルマを降りて来たお客様をとろけさせるような100万ドルの笑顔でお迎えして、「安心感を与える」事に集中しよう。この初対面の一瞬のスタートダッシュはタイムパフォーマンスが最も高い。商談のロープレは何十時間も必要だろうが、第一印象の練習に関しては数時間の練習で効果が出る。

繰り返しの練習は必要だが、マスターすれば一生もののスキルが手に入る。他のライバルはそこまでやらない。大きく差が出る部分だ。人付き合いが変わり、人生が変わる。ここをまずはクリアしてから次に進もう。

商談② アイスブレイク——第一の壁「信用の壁」を破壊せよ

初対面で第一印象が良ければ、次にアイスブレイクだ。

ここでも目的をハッキリとさせておこう。第一印象の目標は「安心感を与える」事で次の展開を進めやすくする為だった。そしてもちろんアイスブレイクでも成し遂げたい事がある。

ここからは、一つ一つの壁を破壊していく段階に入る。

お客様がご来店されて契約に至る手前に、4つの壁がある。この4つを全て破壊し終えればクロージングをかけられる。契約だ。商談がいいところまで進むのに何故か決まらない事が多いという人がいるが、そういった人はこの壁のどれかが残っている。破壊し切れていない。

この段階で破壊すべき1つ目の壁は「信用の壁」だ。読んで字のごとくお客様に信用してもらう事を目的とする。この壁はこれから登場する4つの壁の中で最も重要な壁だ。今後の全ての展開の成否を決める。

数分間のアイスブレイクで一気に流れを摑んでいきたい。

この壁をしっかり破壊しておかなければ、どんなにいい提案をしたとしても効果は半減する。信用していない相手の話は入ってこない。

アイスブレイクとは、緊張状態にある関係を氷（アイス）にたとえて、打ち砕く（ブレイクする）事を言い、その為にする話をアイスブレイクトークと呼んでいる。

初対面のお客様と接する時に、緊張をほぐしてスムーズにコミュニケーションできる状態にする為の手法の事だ。

この重要性が分かっている外資系の保険会社や金融系の会社では鬼のように練習するだろう。ここで商談の全ての流れが決まるし、商品以外の営業力が最も問われる部分だ。

逆に言えばここが最も「営業マン」としてライバルに差がつけられる部分でもある。

この本を読まれている方はしっかり練習した事があるだろうか？　僕は業界大手の中古車販売店のほとんどに友人がいて教育について相談を受けるが、ほとんどやっていないと聞く。

それこそ、年収1000万、2000万を超える外資系企業やIT企業の営業マンの練習量と比較すると全く時間を割いていない。

これをやらない手はない。伸びしろが一番大きい部分だ。

それではアイスブレイクのポイントに移ろう。

「初めまして」と顔を合わせて数分経過したぐらいだろう。ここから5分〜10分で「信用の壁」を破壊したい。

アイスブレイクの3つのポイントを挙げてみる。

✓自信を持って対等に接する
✓相手のリズムで、話したい事を話してもらう
✓共感しまくる

自信を持って対等に接する

そもそも高額な商品を買う時に、ユーザーは慎重になる。そこで自信がなさそうな営

業マンが担当だと不安が加速する。

この人大丈夫か？

ミスをされないかな？

このクルマを買っていいだろうか？

他社ももう少し回って比較するべきか？

自信がなさそうな営業マンだと、お客様まで迷ってしまう。

ところが堂々とした営業マンに「任せて下さい」と自信満々に言われれば一瞬で不安が消し飛ぶ事もある。この人が言うなら大丈夫だろうと。

では自信がある人とはどういう人の事だろう。

僕は知り合いやYouTubeを見てくれた人から、何でそんなに自信家なのですか、とよく言われる。どうやったら中野さんみたいにエネルギッシュに生きられるでしょうか、とDMをもらう事もある。周囲の人や視聴者から見て、僕は自信があるように見えている。

つまり、僕のように振舞えばいい。何を言っているんだこいつは、と思った方は少し落ち着いて欲しい。僕みたいに振舞えと言われてどう理解しただろう？

えーと、声が大きいのか？

少しゆっくり喋っているのか？

あ、よく笑っているな、それとよく頷いているな。

まあこんな感じだろうか。つまり、所詮は見た目と声の雰囲気。視覚情報と聴覚情報から判断しているだけだ。

本当に自信を持っている人間もいるが、それを実績のない人がやるのは難しい。これまで何百何千と営業指導してきたから分かっている。僕がおすすめするのは、自信家のモノマネだ。

自信なんか初めは全くなかったが、トップセールスの真似だけをしていた。モノマネをして、自分との間違い探しを徹底的にやっていた。当時は意識していなかったし言語化もできていなかったが、モノマネがうまくなれば、自然とそれが自信のある立ち居振舞いになっていた。

それによってクルマが売れるようになり、成功体験が得られれば本当の自信がついた。今はクルマのセールスで誰にも負けない自信があるが、初めは自信がある人のモノマネから始まった。

自信とは究極的には「自分を信じる」事だ。

これは全ての仕事に通ずるが、自信のない人の話は説得力に欠ける。まるで迫力がないし、自分を信じていない営業の事を信用できるわけがない。

「形から入って心に至る」だ。初めはモノマネから入り徹底的にやり込む。形を徹底的に真似して継続させる事で本当の自信を手に入れよう。

後は自分の力を信じて前に進むのみだ。

相手のリズムで、話したい事を話してもらう

会話の中で気持ちが上がる時はどんな時だろう。

思い出して欲しい。ほとんどの人は自分が話したい事を話している時だ。会話の相手とテンポが合えば話も弾み、ついつい楽しくなって話し過ぎてしまう。こういった相手とは会話をしていると話が嚙み合っていると感じるだろう。

この会話をトップセールスは意図的にやっている。「ミラーリング効果」だ。心理学でも使われる言葉で、自分と似た行動を取っている人に好感を抱く事だ。

このアイスブレイクで達成したい目標は何だったか思い出して欲しい。「信用の壁」を破壊して、安心してもらう事だ。その為に最も手っ取り早いのは会話が弾み、自分に好意を持ってもらう事。会話のリズムが合わずにこちらの話を聞いてくれず、一方的に説明してくる営業マンに心は開かない。逆に相性のいい相手は初対面でもついつい何でも相談してしまう。

ではどうすればいいか。

ミラーリング効果とは自分と同じ行動を取る相手に好意を持つ事だから、究極的に言

えば相手に合わせる事だ。

まずはテンション。物静かなお客様が相手ならこちらも相手に合わせる。テンションが高めの元気いっぱいのお客様ならこちらも同じように合わせる。

次に会話のスピードだ。これもお客様と同じスピード、同じテンポに合わせる。会話の「間」まで相手に合わせるぐらいの気持ちで臨んで欲しい。そしてお客様が話している最中に間違っても質問を被せたり、会話を遮ってはいけない。お客様のペースで話をしてもらう事を徹底的に心がけて欲しい。リズムが狂うと居心地が悪くなってしまうからだ。

そして最後に会話の量。これはセオリーだがお客様に7割話してもらおう。どうしても自分が話したがる営業がいるが、今じゃない。この時間はお客様のターンだ。まだ開始間もないこのタイミングで焦る事はない。ここで気持ちよくなってもらって、情報収集した後で話した方が、トークの効果が高い事は感覚的に理解してもらえるだろう。

時間にして数分だ。「信用の壁」を破壊する為に聞く側に徹しよう。

共感しまくる

最後は共感だ。これは営業を始めると誰もが教えられている事だと思うが、勘違いしている人が多い。共感ではなく同意して終わっている人が多い。この違いが分かるだろうか。

例を出して説明してみよう。

お客様が乗って来たクルマにゴルフバッグが乗っていた。アイスブレイクのチャンスだ。ゴルフが趣味だと言われてどうするか？

まずは同意だ。僕もゴルフが趣味なんです。

これは「リフレティング」というテクニックだ。「リフレティング」とはいわゆるオウム返しの事で、相手の言った事をこちらも繰り返して発言する。これにより相手の共感を多少得る事ができるが、ここで終わるとただの同意で本当の共感ではない。

本当の共感とは自分が共感するだけではなく、相手に共感してもらう事だ。

つまり、同意して乗っかり、会話の流れを止めずに相手にパスを出すイメージだ。先ほどの会話でもう少し踏み込んでみよう。

僕もゴルフが趣味なんですよ、毎週休みには会社のメンバーで回ってるんです、僕は全くうまくならないんですけどね、とパスを出す。すると、
どれぐらいで回るの？　と会話が続く。

そしてスコアの話から、どこで回っているのか、おすすめのコースはどこか、を聞いて、じゃあ次のクルマはゴルフバッグが入るサイズで探さないといけないですね、という流れで進めていくといいだろう。

イメージできるだろうか。これはゴルフをやらない人だとしてもできる。

例えば、ゴルフを好きだと言われたら、「ゴルフをする人、楽しそうですもんね。余裕のある大人って感じがします」と褒める。そこから、僕も体を動かすのは好きなんですけれど、ゴルフは全然うまくいかなくて、●●さんは初めからうまくできたんですか？　とパスを出す。

すると、ゴルフは訓練が必要だ、仕事に通ずる事が多い、ゴルフは性格が出る、といったゴルフ哲学を語ってくれるだろう。

そうですか、やはり練習に通ったんですか、すごいなぁ、僕もまた練習してみようかな、という雰囲気で話せば、気持ちよくなってくれる。アドバイスしたがるお客様も多いだろう。

僕の経験上では今のところ100％ゴルフ練習しなよ、一緒に回ろうぜ、と言われた。僕は腰が悪いのでゴルフは正直やらないと思うが、この状況は商談においてどうだろう？　ここからかなり有利に進めていけるだろう。

大切な事なので何度も言う。ここでの目的は「信用の壁」の破壊だ。

アイスブレイクの入口

ここまで初対面からアイスブレイクまでの流れを書いてきたが、いかがだろうか？

読者の方の多くは営業マンか、クルマを売る事に携わっている人だろう。このような初対面からアイスブレイクまでに関する事をしっかりロープレした事があるだろうか？

恐らく新卒の頃に研修のような感じで一日二日やったようなレベルだろう。そうだとしても役に立っただろうか？　およそ現場では誰もやらないレベルの事をやらされた人がほとんどだろう。そもそもロープレの講師には感じの悪い人も多い。だから売れるようにならない。

僕に言わせればクルマの知識を身に付けるより、はるかに重要な訓練だ。これができるようになってから次をやるべきだ。初対面からアイスブレイクまでがうまくできない人を接客に立たせるべきではない。

商談は「傾聴」が大切だとよく言われるが、ここまでの段階は全て「聞く事」が先行する。順番がある。聞いている間にお客様に気持ちよくなってもらいつつ、「信用の壁」を破壊し、その間にお客様のライフスタイルや好みやこだわり、解決したい課題などの情報を集めて、それから「話す事」が重要だ。それはここまでで分かっていただけただろう。

では現場の教育ではどうしている？「聞く事」から始めているか？

恐らくやっていないだろう。「話す」練習から始めている筈だ。それも、会社が大きくなるほど、セリフの詰め込み型だろう。その上で商品知識を詰め込みまくる。そうすると、間違ったカタログ説明型の営業が完成する。

初めに手に入れた武器が「商品のスペックを話す」という事だからだ。

その武器しか持たない人間が現場に出て営業したらどうなるか？　愛嬌も元気もない、相手に合わせられない営業が、商品説明を延々と始めるだろう。自分がひたすら話して、お客様の話を十分に聞かない。

想像するだけで地獄だが、こういう営業は現場にはかなり多い。クルマがまともに売れるわけがない。

では具体的なアイスブレイクにはどう入っていけばいいだろうか？　保険や金融商品を扱う営業の場合だと、事前に相手の情報を調べていく事が多い。先方のサイトから企業文化や理念を調べて訪問する事が可能だし、相手が個人の場合にはSNSから、その人の考えや自分と共通の趣味なんかを調査して臨めば、アイスブレイクにもスムーズに入る事ができる。

だがクルマの営業の場合は来店されて初めて会うお客様が多い分、事前準備は難しいだろう。そういった場合でも見た目や乗って来たクルマの特徴から「相手が話したい話題」を提供する事は可能だ。

ここからはアイスブレイクの入口について書いていこう。

初対面の人にアイスブレイクする際の話題提供として有効とされてきたのが天気の話だ。銀行の営業の人は必ずこれをやる。一日銀行回りをしていて、「急に寒くなりましたね。来週からまた寒波が来るらしいですよ。今年は異常気象ですよね。また電気代も上がるみたいだしこれから一体どうなるんですかね」と、ここまで一連の流れがセットだ。これを5連チャンで話したりもする。もちろんこれが悪いとは言わないがもう少し個人にフォーカスした方がいいだろう。

中野さん久しぶりに会ったらでかくなってないですか？　やっぱり毎日トレーニングは続けているんですか？　すごいなぁ。僕なんか全然続かなくて、見習います。と言ってしまえば僕みたいな単細胞はすぐに気分が良くなる。天気の話よりはよほどいいだろう。このように相手の特徴を見て、即座に話題提供する訓練をしよう。そう難しい事じゃない。ポイントは「相手の話したい事」だ。

社内の先輩や、少し気を使う相手で常に練習していくのが有効だ。

外見の特徴から褒めていく

相手の話したい事を話してもらうには、パッと見て分かりやすい特徴からパターン分けして対応できるように準備しておくと応用がきく。例を挙げていこう。まずは外見で他人と差別化している人、自己顕示欲の強そうなお客様は、褒めて欲しそうな特徴に触れてあげればスムーズに会話が進むだろう。

✓現行アルファードに乗って来た、ブランドに身を包んだ夫婦
✓ローバーミニに乗った、オシャレ眼鏡のアパレル風20代後半女性
✓色黒マッチョでハイラックスに乗って来た男性一人
✓スリーピースのスーツで色黒ツーブロックの現行黒ハリアーの男性
✓パステルカラーのラパンに乗って来た今風ＯＬ２人組

どうだろう？　このあたりの人は外見にお金をかけて自己投資している。

僕なんかでも人前に出る身として外見には気を使っている。トレーニングで体を鍛えたり、髪型やファッションには気を使っている。ここを褒められて悪い気はしない。更に同じようなトレーニーとはやはり打ち解けるのが早い。僕はこの能力を「キャバ嬢力」と言っているが、彼女たちはお客様の外見を見て即座に褒めたり、いじったりして瞬時に打ち解ける。我々も真似しよう。

ノースリーブを着た色黒ゴリマッチョの筋肉を褒めないでクルマの話に入るなんてどうかしている。

乗って来たクルマの特徴から入る

外見に特徴がある人の場合は話が進めやすい。だがこれらの人は全体の2割程度。それ以外の、特徴がないお客様の場合には、乗って来たクルマの話をしていけばいい。

✓ミニバンに乗って来たファミリー
✓ＳＵＶに乗って来たカップル
✓スポーツカーに乗って来た男性一人

このあたりは用途が明確だ。ミニバンは家族でのお出かけに最適だし、そういった家族構成での来店も多い。ＳＵＶに乗る人はアウトドアをするか、見た目が好きか、４ＷＤが必要か、リセールを考えて買っているし、スポーツカーの人は運転が好きなんだと思う。これらの方々はコンパクトカーにはない価値を見出し、その分のコストを払っている。そこを起点に話していこう。

ではコンパクトカーや軽自動車の場合はどう考えるべきか。

前述したクルマと比べてコンパクトカーの方が維持費は安い。軽自動車は更に安くなる。つまり、そちらの方がお得と判断して購入している堅実な人か、予算的に無理があるるか、置き場の問題か、いずれにせよ余分なコストを抑えたいという前提にある。その前提の中でも次の3種類に分けて考えればいい。

✓SUV系　ライズ、ジムニーシエラ、キックス、ハスラー、ジムニー
✓スライド系　ルーミー、ソリオ、エブリイ、N-BOX、タント
✓カスタム系　エアロやAWなどのカスタム系やスティングレーなど

これらのクルマを選ぶ方々は、維持費を抑えた前提でも、何らかの価値を感じてクルマを選んでいる。そこから始めればいい。

ジムニーならアウトドアが好きかオシャレかリセール。スライドドアのクルマなら広いクルマが好きなのか、子供を乗せるか、荷物を載せる機会が多いか。カスタム系なら完全に好みだろうし、ターボ付きなら走りを優先するだろう。そこを、いいですね、最高ですと乗っかるところからスタートすれば、「話の分かるやつだな」となる。

最後に、それ以外の人たちだ。コンパクトカーで言えばノート、フィット、ヤリス、軽自動車で言えばワゴンRやムーヴやミライースやアルトのような大衆車を選んだ人たち。この方々はクルマに特徴がない分、入りは難しいが、購入の目的がハッキリしている人が多い。今回はスライドドアが欲しい！　と課題が明確な場合や、逆に移動手段と

して割り切っているのでコスパ優先だったりする。

そういった場合は素直に、次はどんな感じでお探しですか？ 今のワゴンRと似たサイズ感ですかね？ と話を向ければすぐに判断できるだろう。


ここまで初対面からアイスブレイクまでを書いてきたが、営業が一番練習すべきで、やっていないのが、ここだ。一番重要で、一番コスパがいいのに、練習していない。ここを完璧にできれば新人の時の僕のように売れる。ここで「信用の壁」を破壊しよう。そうすれば、情報収集も自然にできるし、お客様の方から課題を打ち明けたり、相談してくれる。それに、こちらの話も聞いてもらえる。

アイスブレイクを制する者は営業を制する。まずはここに徹底的に取り組んで欲しい。

商談③ 情報収集――「選択肢を増やす」

ここからは踏み込んでいく。前項のアイスブレイクがうまくいっていればお互いの緊張もほぐれて、お客様の好みやこだわりなどの情報が既に入ってきている筈だ。勘違いして欲しくないのは、先ほどのアイスブレイクと、この情報収集はグラデーションだ。混ざり合っている。

アイスブレイクが終わって、さて、これから情報収集するぞ！　といきなり戦闘モードに入ってはお客様も構えてしまうだろう。せっかくほぐれた緊張が元通りになってしまう。アイスブレイクから流れるように進めていこう。

この段階での目的は、情報収集により、「提案の幅を広げ、選択肢を増やす」事だ。聞きたいポイントは４つ。「ライバル、時期、車種、予算」だ。既に大手販売店で営業をしている方は聞いた事があるだろう。

だが、聞き方がまずい事が多い。聞けばいいという問題じゃない。

ご予算おいくらですか？　と聞いて、92万円！　と言う人はいないだろう。１００万円、２００万円のように切りのいい数字を言う。その事自体は全く問題ないが、その出てきた数字に振り回されて、提案の幅が狭まる事がある。

N-BOXを例に説明しよう。

５年落ち、走行５万km、シルバー　１００万円

４年落ち、走行２万km、黒　１１０万円

この２台が並んでいればどちらを買うだろうか？　恐らくお客様が10人来店すれば黒の１１０万円を７人は買うだろう。それなのに初めに予算を聞いて、じゃあ１００万円以内で探しましょうと言ってしまうと、提案から外れてしまう。情報収集は提案を狭める為にやるわけじゃない。営業の役割は、あくまで提案の幅を広げて、お客様の選択肢

を増やす為に行うものだと理解しておこう。

会話の突破口は2パターン

まずは、乗り換えか？　増車か？　から入っていく。

どちらのパターンだとしてもこの段階での目的は「情報収集」。提案の幅を広げ、お客様の選択肢を増やす為に、相手の考えを肯定しつつ相手のリズムに合わせて進めていこう。

どのように進めていくか具体的に書いていくが、流れが重要なので会話形式で進めていく。流れるように、ライバル、時期、車種、予算、だいたいの雰囲気を掴んでいく事を目標とする。ここで注意して欲しいが、ここからのセリフを読むと無機質に感じると思う。言葉を削って書いてあるからだ。

現場では抑揚を付けて、細かく相槌を打ちながら、お客様のテンポに合わせて、お客様の乗って来たクルマの前で話したり、展示場を歩いたり、お客様の希望のクルマを前にしたり、身振り手振りを使って会話していると想像して欲しい。

【乗り換え】　10年落ちのワゴンRに乗って来られた場合
営　業「こちらのワゴンRから乗り換えられるんですか？」

お客様「うん。そうだよ」
営　業「見た感じまだまだ走れそうですけどね」
お客様「いやもう車検も近いし、結構距離も乗ったしね」
営　業「車検はいつまでなんですか？」
お客様「7月だよ」（3カ月後）
営　業「近いですね。走行距離はどれぐらいですか？」
お客様「9万km超えたぐらいかな」
営　業「まだ9万kmなんですね。査定額も全然ありそうですね」
お客様「え？　そうなの？　結構ぼろいよ」
営　業「全然いけますよ。ワゴンRは人気ですから」
お客様「そうなの？　下取りつかないと思っていたよ」
営　業「まだ査定はされていないんですね？」
お客様「うん。まだ今日初めてクルマ見に来たからね」
営　業「ありがとうございます。インターネットを見て、来て下さったんですか？」
お客様「うんそうだよ。安いのが何台かこのお店で出てきて」
営　業「嬉しいです。ちなみにワゴンRはいつ買われたんですか？」
お客様「6年ぐらい前かな。車検付きを買って、次の車検が6回目だからね」

営　業「買ったお店には見に行かれてないんですね」
お客様「担当者が辞めてもういないからね。車検も他で出してるしね」
営　業「そうなんですね。じゃあ後で査定もしてみますね」
お客様「うん。お願いします」
営　業「ちなみに次乗りたいクルマは決まっているんですか?」
お客様「次は広いのがいいかな。タントとかどうなんだろう?」
営　業「タントいいですよね。見てみましょう。予算はこれからですか?」
お客様「特に決めてないけど、100万までかな」

こんな感じで十分だろう。状況は把握できた。この会話に必要な時間は3分~5分。これで欲しい情報はある程度手に入った。整理してみよう。今集まっている情報はこのあたりだ。

①　ライバル　現時点ではいないがカーセンサー掲載店がライバルになりそう
②　時期　3カ月以内。急いではいないが車検までには乗り換えたい
③　車種　室内空間の広いクルマだがこだわりはない
④　予算　100万円。恐らく前回はもっと安く買っている

そして、会話の中から恐らくデイズルークスあたりがいいんじゃないかな、と売れる

営業マンは想像し始めているだろう。この事前に集まった情報から何故デイズルークスをイメージしたか説明していこう。

中古車を買うお客様は許容できない距離、予算があり、お得だと自分が感じる年式や距離のゾーンがある。そして毎回同じような買い方をする人が多い。新車を買って毎回3年で乗り換える人や、未使用車を買って乗り潰す人や、3万km以内を買って10万kmで手放す人や、100万円の予算で毎回探す人や、50万円現金一括まで！という人もいる。

今回のお客様は話から推察するに、前回買ったワゴンRは3年落ちで3万km、当時の売値で80万円ぐらいで買っているだろう。

当時もタントは存在したが買っていない事を考えると、そこまで強いこだわりはないだろう。今回も3万km以内でタントを探すと予算100万円を超える。場合によっては予算も上げるだろうが、予算が増やせない場合は年式や距離で妥協するか、嫌そうならeKスペースをおすすめしてみる。三菱が嫌と言われたらデイズルークスの100万円とタントの110万円で比較してもらおうかな。

これが僕の頭の中でのシナリオだ。

もちろんこの通りに行くとも限らない。タントがそのまま売れるかもしれないし、eKスペースだってありうる。ワゴンRを買うかもしれない。重要なのは商談を組み立てられるだけの「情報収集」ができた事だ。

初対面からアイスブレイク、この情報収集まで実際にクルマを見せながら10分も経過していないだろう。これが重要だ。流れるようにここまで進もう。

この段階での目的は、情報収集により「提案の幅を広げ、お客様の選択肢を増やす」事だ。必要な情報は集まった。これぐらいがちょうどいい。何故これぐらいの情報でいいかと言うと、クルマ選びには正解がないからだ。よく販売現場のマネージャーや、経営者と話していると、まるでお客様が求めているクルマに正解があるかのように考えている人が多いが、そんな筈はない。

今まで新車しか買ってこなかった人でも、1年落ちで50万円価格差が出るなら中古車でもいいなと売れた事もあるし、初めは何でもいいから予算重視で探してと言っていたお客様が、展示場にあるクラウンを見て一目惚れして買った事だってある。電動スライドドアがマストだと話していたが冷静に価格差を見るとワゴンRで十分じゃん、となる事だって毎日のようにある。

だから、この段階ではそこまで絞り込む必要は全くない。商談は順番が9割だ。ここで質問攻めをしている間にお客様のテンションは下がっていく。熱が冷めない間に次の展開に繋げていこう。

競合（ライバル）についての質問だ。

「以前購入されたお店で、対応に不満はなかったですか？」

ここから次の展開に移っていこう。

商談④ 差別化——第二の壁「競合の壁」を破壊せよ

情報収集でお客様の希望条件が摑めて来たら次の展開に移れる。

ここで第二の壁が登場する。「競合の壁」だ。市場には競合（ライバル）とお客様しかいない。読者の皆さんも日常的に競合と戦っていると思うが、自社の強みと弱みを正確に把握して話せるだろうか？　そしてそれはお客様目線で考えて本当に他社と比べて競争優位に立てているだろうか？　究極的には少し高くてもあなたのお店に任せるよ、と言ってもらえれば「競合の壁」の破壊成功だ。

お客様にとって1円でも安い方がいいのは間違いないが、安ければ買うとは限らない。信用できるお店や担当者から買いたいのがお客様の心理だろう。

ここで重要になってくるポイントは、あなたのお店の強みが何なのかという事だ。他社と比べて何が競争優位に立てる点か、一言で言える必要がある。いくつか例を挙げてみよう。

✓地域最安値

✓車両品質が高い
✓ロングラン保証で購入後も安心
✓購入後のオイル交換が無料
✓返品保証がある
✓整備工場付きでアフターサービスも安心
✓板金工場併設で事故時も安心
✓全国展開していて県外でも利用可能

このぐらいだろうか。このあたりのポイントを押さえた商品を扱っている企業は他社との大きな差別化ポイントになるだろう。だけどあなたのお店でこのような商品を扱っているだろうか？

恐らく少数だろう。こういった商品を扱っている会社は大手販売店ぐらいだ。僕が経営するＢＵＤＤＩＣＡでもほとんどやっていない。それでも他社に競合負けする事は少ない。競争時の勝率は９割を軽く超えている。

僕はこれらの商品をフルセットで取り扱っている大手でクルマを売っていたし、商品開発やマーケティングにも関わってきたからお客様の生の声は数多く聞いてきた。それと同時に、今はそういった武器を持たずに競合の立場から戦っている。どちらにも一長一短ある。両方やった経験のある僕からの目線でそれぞれの立場の戦い方を説明しよう。

安心安全の観点から他社と差別化する

差別化のポイントは「安心」だ。これはあなたが大手販売店の営業マンだとしても社長一人のお店だとしても変わらない。小さいお店だからアフターサービスで大手に勝てないと思い込む必要は全くない。どちらにもそれぞれのメリットとデメリットが存在する。メリットだけなんてありえない。

つまり自分の立場から「小さい会社／大きい会社」にはできない安心を提供するのがポイントだ。何故「安心」を軸に差別化するかというと、それ以外に何も差別化するポイントがないからだ。結局は金額の話になってしまう。

値引き勝負が得意なお店はもちろん仕掛ければいい。安いのは最も説得力のある差別化ポイントだ。だとしても値段一辺倒で全てのライバルを倒せているだろうか？　恐らく難しいだろう。その証拠に地域最安値のお店に行ったが良くなかったと言って弊社に買いに来られるお客様が大量にいる。

彼らのお店は、「競合の壁」を破壊できずに帰られてしまっている。

最安値ほどの強烈な差別化でも「安心」の観点からライバルと差別化できていなければお客様に逃げられてしまうという事だ。そして、逆に価格で負けていたとしても勝てるという事でもある。

ではどうすればいいか。

他社との差別化には作法がある。前項の最後の質問から始めていきたい。

「以前購入されたお店で、対応に不満はなかったですか?」

ここから切り込んでいきたい。

何故なら、今自分の店で商談しているという事は前回買ったところで「何かあったか、何もいいところがなかったか」だからだ。

満足していれば前回買ったお店に相談している筈。ここにいる時点でそうじゃないという事だ。何かしら不満っぽい事があるか、何にも期待していないかだ。そこをしっかり聞いた上で、自分の店に求める事を摑みたい。


まずこの時点で安心して欲しいのは、お店に来て商談している時点でお客様が求める事は既にある程度クリアしていて、以前買ったお店より優位に立っているという事だ。

ここから「安心安全」の観点で話して、より競争優位性を高めていこう。

ここでやりたいのは以前買ったお店より「安心」して任せられそうだなと思わせる事だ。そのぐらいでいいし、それ以上やるのは難しい。

それに、まだ車種選びに進む前の段階で自社のアピールをガンガンされても、早くクルマ見せてくれよと熱が冷めてしまう。

ここでは、流れるように前回買ったお店と自社の比較で話を進めていきたい。何故前回買ったお店かと言うと、弱いからだ。

一度売っている筈なのに、お客様をグリップできていないから、今商談ができている。比較して自分たちの差別化ポイントをさらっと伝えよう。

そして自社の差別化ポイントを伝えるには必ず守らなければならないルールがある。それは、メリットとデメリットを必ず伝える事だ。

価格とサービスは必ずトレードオフの関係にある。最安値でアフターサービスが最も手厚いなんて事は絶対にありえないし、そんな事はお客様も分かっている。調子の良いやつだな、と見透かされてしまうだけだ。

デメリットをこちらからうまく伝える事で誠実さも伝わるし、そのデメリットと比較してメリットの方が大きいと感じてもらえるだろう。

実際に大手の立場と中小小売店の立場で、それぞれやってみよう。

あなたが、大手販売店の営業マンの場合

営　業「以前購入されたお店で、対応に不満はなかったですか?」

お客様「特になかったよ。整備も別のお店でお願いしているからね」

営　業「整備はお知り合いの方がいるんですか?」

お客様「その時々で安いところでお願いしているよ。どこに出してもたいして変わりないでしょ」

営　業「良心的なお店があればいいですよね。次からうちも比較に入れて下さい。オイル交換無料とかもやっていますから」

お客様「そうなの？　毎回３０００円とか払っていたけど。車検も安いの？」

営　業「オイル交換ずっと無料のパックがあるんです。ロングランの保証とか、車検も最安値保証とかやっていますよ」

お客様「いいじゃん。買ってからお金が結構出ていくからね。故障とかこれまでもあったしね」

営　業「そうなんです。初めに安く買っても、後で出費が多いってよくあるんですよ。弊社は最安値ではないですが、買う時は多少高くても、トータルで見た出費や安心面がウリなんです」

お客様「確かに買った時の値段だけじゃなくて、買った後のトータルも含めていくらなのって話だよね」

営　業「買った後の安心とコスパ面で言えばどのお店にもない商品が沢山あるので後でご紹介させて下さい」

このような感じで十分だろう。デメリットは他社より価格が高い事だが滑らかに伝えられたと思う。最後の見積時にこれが効いてくる。値引き交渉があった時に安心を売っている為、安売りをしていないと言えば、それがあなたの会社のブランド力になり、お客様にとってステータスにもなる。では逆の立場で考えよう。

あなたが、中小小売店の営業マンの場合

営　業「以前購入されたお店で、対応に不満はなかったですか？」
お客様「特になかったよ。整備も別のお店でお願いしているからね」
営　業「整備はお知り合いの方がいるんですか？」
お客様「その時々で安いところでお願いしているよ。どこに出してもたいして変わりないでしょ」

ここまでは同じだ。ここからが違う。

営　業「そうですね。いいと思いますけれど、逆になんか高くついたなとかはなかったですか？」
お客様「え？　特になかったけど。金額も比較していたしね。でも何件も車検の見積もりを取りに行くのは面倒だったかな」
営　業「ですよね。最安値車検に行ってみたら高かったり、保証が長いけれど保証料が高いとかあって分かりにくいですよね」

お客様「確かにそういうお店もあった。安そうに見えてそうでもないところが多かったけど、あれってどういう事？」
営　業「弊社は大手みたいにアフターサービス推しはしていないですけれど、やれないっていうよりは、高くなるからやっていないって感じですかね」
お客様「そうなの？　その分買う時高く買わされているって事なのかな？」
営　業「そうです。先にコストを払って後で出費を抑えるか、コストが発生したらその都度払うかですね」
お客様「そういう事なんだ。あえてやっていないって事は？」
営　業「その方がお得ですからね。それにもし途中で乗り換えたら元が取れないですから」
お客様「確かに。大きい会社は保証とか安心感ありそうだけど、どうなの？」
営　業「弊社でも同じ保証内容で全国対応もレッカーサービスもあります。実はこっちの方が金額安いですしね」（カーセンサーアフター保証）
お客様「じゃあ安心ってわけじゃないの？」
営　業「大手に安心感があるのは間違いないですしアフターサービスが良いとも思いますが、価格面も内容も弊社が勝っていると思いますよ」
お客様「そういう事ね。大手にメリットはないって事？」

営　業「在庫数や店舗数ではとても勝てなくて、クルマを見て選べる事とかは大きなメリットですよね。それ以外の部分は全て僕たちも勝てます」
お客様「それ以外に大手で買うメリットはないって事かな？」
営　業「月間５０００km走る方とか、転勤族で数年毎に異動がある方は全国展開でオイル交換無料のお店で買った方が絶対お得だと思います」
お客様「距離乗る人とか転勤の人は確かにそうだよね。でも僕はそうじゃないからな。安い方がいいかも」
営　業「家賃や広告費はクルマの売値に乗っかりますから、大手は高くなる事が多いです。その分価格は弊社が有利なので後で見比べて下さい。それと、担当者が変わりまくるとかはないです。退職者はこの数年出ていないですね」

お客様から見た時に中小の小売店の弱点は規模だ。

そこをデメリットと認めた上で実はこちらの方が優れているとカウンターを入れたい。注意して欲しいのは他社への悪口は絶対に言わない事だ。

彼らは本当にすごいと思う、あれだけの人数と台数を抱えてとても真似できない。だけど、それが安くて安心かと言うと、決して自分たちも負けていないと伝えよう。

勘違いして欲しくないのは店の条件だけで完全なる差別化はできない事だ。

人の気持ちが入ってこその差別化だ。説明をしている営業が、いかにお店や商品に自信があって話しているかが重要になる。

価格が他社より安いお店なら、お客様にどれだけ安く乗ってもらいたいか、その為に自分たちがどれほど努力しているかを伝えていきたい。

逆に品揃えやアフターサービスに強みを持つ会社であれば、多少買う時は高くなるかもしれないが、じっくり見て触って乗ってもらいたい。数年に一度しか買わないクルマだから絶対に失敗して欲しくないし、買った後も安心して乗って欲しいという事を伝えていきたい。

ちなみにだが、弊社の場合で唯一社長が採用の時にやるロープレはここだ。自社の価格へのこだわりと、どれだけ仕入に対して時間をかけて、流通や商品化を徹底的に効率化しコストを下げ、薄利多売により数を売って成立させているか。何故大手でガンガンやっていた社長が全く別のやり方でＢＵＤＤＩＣＡを作ったか。それに賛同したから自分も入社したんです。というところまで全員が話せるようになっている。

オーダーメイドのクルマ探し

この項の最後に、在庫数を多く持てない小規模店舗の方にアドバイスをしたい。

大手に勝てないと思っている人が多いから、勝ち方をお伝えしたい。絶対に勝てる。

創業時は僕もプレハブから一人でスタートした。

自分で仕入れて、自分で洗車して並べて、自分で営業してクルマを売っていた。整備工場も板金工場もない。それでも来た人全てに売っていたし競合負けした事はない。

在庫台数は20台～30台でも大手企業や地元の中堅企業に勝ち続けた。

商品を沢山持っていないという現実は考えようによってデメリットだけれど、僕にとってはメリットだ。在庫を大量に抱えるデメリットを知っている。在庫ロスだ。

彼らは多くの在庫を抱える為に、一店舗当たり月に何百万円も在庫ロスを出している。それを、買う人たちが負担しているのは言うまでもないだろう。

つまり、在庫を持たない事は1台当たりの利幅を少なくする事が可能だから金額勝負に強いとお客様に説明すればいい。

そして、ここからが僕がバンバン売っていた最大のポイントだ。

お客様の希望のクルマをオークションで勝手に仕入れてきてしまうのだ。

大手は絶対にできないだろう。他店の在庫を持ってきて商談するのにも注文書と手付金が必要だ。ましてやオークションから買ってくるなんて、大手の営業マンには絶対に無理だ。ここを突けばいい。

車種選定をした後で、希望条件のクルマが絞り込めれば、後は買ってくる。呼べばお客様は絶対に見に来てくれる。見に来れば気に入ってもらえるだろうし、もし買ってもらえなくても他の人に売ればいい。誰にでも売れるように、安く仕入れる努力をすればいい。

このリスクを誰も取ろうとしないから僕は沢山売れた。

もちろん、お客様の負担にならないように工夫は必要だ。「ちょうどそのクルマを仕入れる予定があったから探していたんです。他のお客様にも似たようなのを頼まれていて。来週目処で仕入れてみますね。入ったら連絡しましょうか?」と言えばいい。

もちろんその分努力が必要だ。見つかるまで遅くまでオークションをずっと見ている毎日だ。だけどこれほどのオリジナルはあるだろうか? オーダーメイドだ。これは圧倒的な差別化になる。買ってきたクルマが売れなかったとしたら、その売れない理由を取り除いたクルマをまた買ってくればいい。それを売れるまで続ければ100%売れる。

オークションには毎週20万台の出品がある。日本一在庫を持つ大手でも数万台しか持っていないんだから、オークションを真面目にやれば大手販売店にも負けない提案ができる。もちろんその為に労力も必要だし、実力も必要だ。だけどこれ以上の差別化はないだろう。

会社の規模や特別なオリジナル商品を持たない皆さんは特に、大手には不可能なオーダーメイドのクルマ探し。是非チャレンジしてみて欲しい。

売り方に正解はない。お客様がどう感じて判断するかだ。一番大切なのは、売っている側が心の底から自信を持っている事。そして、僕に任せてもらえたら間違いないと説明できるだけの裏付けを持つ事だ。

売り手の心が入っていないとどんなに強烈な商品でもお客様には伝わらない。何か裏があるのでは？　とさえ思われてしまうだろう。

お客様の事を思って自分たちはこういうスタイルで商売していると話して、共感してもらえれば完璧だ。第二の壁「競合の壁」の破壊完了。

いよいよ車種選定に移っていこう。

商談⑤ 車種選定――第三の壁「欲望の壁」を破壊せよ

ここまで受け身で商談を進めてきた。

本書の内容通りの流れで商談していればかなりいいリズムで商談ができているだろう。

第一の壁「信用の壁」は破壊して提案に必要な情報が集まっている。

第二の壁「競合の壁」も破壊し、自社の強みを伝えられている。

ここから攻守交代だ。こちらから車種の提案に進んでいこう。だがその前に注意して欲しい。攻守が変わったところで雰囲気を変えてガンガン押していくという事ではない。

第三の壁の前に、アイスブレイクで使った「信用の壁」を破壊する3つのポイントを思い出してもらいたい。この3つだった。

✓自信を持って対等に接する
✓相手のリズムで、話したい事を話してもらう
✓共感しまくる

商談スタイルは変わらない。自信を持って、相手のリズムに合わせ、共感しながら車種選定をしていく。ここで雰囲気を変えて攻撃開始と意気込んでしまい、せっかく破壊した2つの壁を再構築してはいけない。これまでと同じリズムでクロージングまで行く。そのつもりで読み進めて欲しい。

この項では3つ目の壁を破壊したい。第三の壁は「欲望の壁」だ。簡単に言ってしまうと、お客様に欲しい！　と思わせたいという事だ。

ではお客様はどうやったら欲しいと思うだろうか。

ここを間違えて指導をしている会社が多い。

間違った教育を受け、売り方を根本的に誤解している人も多いだろうから、一旦これまでをリセットして、僕の話を聞いてみて欲しい。

売れる営業スタイルを想像する時にジャパネットたかた（創業社長の髙田明氏）をイ

メージする人が多い。僕も経営者の先輩として大変リスペクトしているし物売りの天才だと思う。髙田明前社長の『伝えることから始めよう』は起業時にとても感銘を受けた本で僕のバイブルだ。髙田前社長が営業の天才という事に誰も異論はないと思う。だが、皆さんは髙田前社長の何が「売れる」営業スタイルの要因だと思うだろうか。考えてみて欲しい。

あの高い声と流れるように話すトーク力か？

そして値段を安く見せる天才的な演出か？

違う。それももちろんあるが、我々営業が真似すべきはそんなところじゃない。どうしても営業は値段の見せ方や、今買わないと他の人が買ってしまうとか、小手先のテクニックに頼りがちだ。そんなのは僕に言わせれば二流の営業。クルマ選びの主役はどこまでいってもお客様で我々営業はそのサポート役。そこを勘違いしてはいけない。お客様にクルマ選びを楽しんでもらおう。

購入後の想像をすると欲しくなる

髙田元社長がＩＣレコーダーを紹介する場合はどうするか。

「私はベッドの横にこれを置いて、アイデアを思いついたらすぐに録音するようにしています。アイデアって寝る時によく思い浮かびますよね」といった具合だ。これを聞いた視聴者は情景を想像する。中には、同じようにアイデアを忘れてしまった経験のある人もいるだろう。その商品を買ったら便利だろうなと想像してしまっている。

このように想像して、「欲しくなる」。それが最初の出発点だ。ユーザーが考えているのは機能や性能じゃない。商品を買ったら「自分の生活がどのように豊かになるか」をイメージしている。

もちろんこの後に驚くほど安い価格設定や、値段の見せ方、限定数量や締め切り時間という天才的な売り方がセットになっているのだが、こちらに注目し過ぎている気がする。購入後を想像して気持ちが上がらない商品はいくら安かろうが限定だろうが絶対に買わないだろう。

第三の壁「欲望の壁」の破壊条件は「欲しくなる」だ。その為に必要な手段はお客様に購入後のカーライフをイメージして、テンションを上げてもらう事。商品説明や値段の話はその後。先に説明から入ると途端につまらない商談になってしまう。

では、具体的な商談方法について説明していこう。

ポイントは今との比較だ。

今乗っているクルマから乗り換える人には必ず生活に変化が生まれる。

我々営業からすると当たり前の事でもお客様からすれば嬉しいポイントが多いし、乗っている自分をイメージしてテンションが上がる。僕でも初めてミニバンを買った時は感動した。広い。今年の冬はこのクルマで友達とスノボに行こうと思った。それにクルマの中でＤＶＤが見られるなんて最高だと思った。欲しくなった。この気持ちを広げていくのが基本のスタンスだ。

僕が売れなかった時の話に少し触れてみよう。

営業時代、ボイスレコーダーに自分の商談を録音して毎日聞いていた。商談を振り返って復習する為だ。そこで初めて自分の商談を聞いた時に愕然とした。商談しているのが自分だと信じられなかったほどに、相手の話を聞いていない。とんでもない数の機会損失をしていた。

つまり、お客様がクルマを見てテンションが上がり始めているのにスルーの連続。例えばドアを開けた瞬間、可愛い！　とか、乗った瞬間、広ーい、とか、プッシュスタートを押して、おおお！　とか、お客様がリアクションしているのに、相槌もそこそこで話を全く広げていなかった。

本当にもったいない事をしていると地団駄を踏んだのをよく覚えている。

話を広げていれば、お客様にとっての課題や「あったらいいな」を聞き出せた筈だし、それによって提案の幅もかなり広がっただろう。何よりテンションが上がって買ってくれたお客様も多かっただろう。

この項で破壊すべきなのは「欲望の壁」。それを突破する為に今のクルマにはなくて、新しいクルマにある装備、この違いを軸に商談していくといいだろう。

今のクルマと比較して、乗っている自分を想像してもらう

いくつか代表的なものを挙げてみよう。お客様がパッと見て食いついた瞬間に、メリットを言語化して妄想の手助けをしてあげる必要がある。

✓室内空間が広い

乗っていると開放感があって、シートの位置や高さも調整でき、座り心地が良く疲れにくい。ボディの形状によって多くの荷物が積載可能で、大人数でのドライブも快適になる。背が高いクルマは小さいお子様をチャイルドシートに乗せるのが楽で頭を入口にぶつける事もなくなるし、腰痛の人の乗り降りも楽になる。

✓電動スライドドア

子供の乗り降りが楽になり隣のクルマに子供がドアをぶつける心配がなくなる。狭い駐車場でも乗り降りしやすく、自宅駐車場が狭い場合は特に便利。開口部分が広いので大型の荷物でも載せやすい。電動なら買い物で両手が塞がっていても荷物を積むのが便利になる。

✓カーナビ、TV、DVD、Bluetooth
今のクルマについていなければ各段にドライブが快適になる。お出かけで迷った事のある人はカーナビ必須だし、携帯操作しながらの運転で罰金になった事がある人はBluetooth 必須だ。小さいお子様はフリップダウンモニターでアニメを流せば何時間でもおとなしくしてくれる。

✓HIDやLEDヘッドライト
ハロゲンライトは夜や雨の日に視界が悪く、危ない思いや怖い思いをした事がある筈。LEDは虫が近寄りにくいので夏場の高速道路でフロントへの虫の飛びつきを軽減できる。

✓プッシュスタート、キーフリーシステム
クルマの鍵がバッグやポケットを捜して見つからずにイライラした経験がある人が多い。特に急いでいる時や手が塞がっている時、雨の日なんかは最悪。鍵をポケットから出さなくていい感動は大きい。

✓バックモニター、全方位モニター
バックモニターなしのクルマに乗っていた人で後ろをぶつけた経験がない人は少ないだろう。それに車庫入れも随分簡単になる。女性の方は特に車庫入れが苦手な人が多いから嬉しい。アラウンドビューモニターなんか最高だ。

✓シートヒーター、シートエアコン
これは乗ってみて、実際に絶対にやってみてもらいたい。クルマ屋とは別次元で感動してもらえる。肩こりや腰が悪い方、痔の方の感動は更に凄まじい。

✓収納、ドリンクホルダー、助手席アンダーBOX
女性の方は特に細かな荷物が多い。小物一つ入るスペースでも喜ばれる。リップクリームや日焼け止めを捜してイライラした経験のある人は多い。

✓燃費
サイズダウンする際には燃費が格段に良くなる。ワゴンRのように10年前と今で1リットル当たり10km近く改善されたクルマもある。これはガソリン代に換算すると1万km当たりで約4万円コストカットできる（1リットル当たり150円で計算）。人によっては車検代分ぐらいを捻出できる。長距離を乗る人なら尚更だ。

✓外装や内装が好き

シンプルにかっこいい！　可愛い！　に勝るものはない。これで彼女とドライブしたら最高ですね。これで通勤したら気分上がりますよね。これがゴルフ場に止まっていたらシブいですね。このクルマで海沿いドライブしたいですよね。このクルマでスノボ行きたいですよね。こういったシチュエーションを想像して「欲望の壁」を一撃で破壊できる事もある。

代表的なものを挙げたが、欲しくなるポイントは様々だ。

これまでのクルマに不満がある人はそれを解消したい。友達や職場の同僚に自慢したい人もいるし、ランニングコストを抑えたい人もいる。彼女や家族と旅行に出かけて思い出を作りたい人もいる。

クルマに乗っている自分を想像し、今との違いを連想してもらおう。

車種比較による、選択肢の提供

ここから車種比較に入っていく。営業も、お客様も一番楽しいパートだ。

ユーザーは誰でも、商品を見比べるのが大好きだという事を理解した上で進めていきたい。

年代にもよるが、人は皆、折り込みチラシを見て自分に全く必要のない家電を見比べたり、ZOZOTOWNや楽天市場で服を延々眺めて想像したり、Amazonや楽天市場でレコメンドされる商品を延々追ってしまう習性がある。値段を見比べるのは楽しい。全く必要に感じていなかった商品をついポチって（買って）しまう事もある。比較によって想像し、お得に感じた商品を見つけた時にそれが起きる。これを今からやっていこう。

ここまでいい雰囲気で来ている筈だ。お客様は感じのいい営業マンと気分良く話して、新しいクルマに乗って何をしようかと想像し始めている。この流れを継続して、更にテンションを上げてもらおう。

ここから先は「比較」が基本スタンスとなる。ただ見せるだけではなく、「比較の方法」にポイントがあるので詳しく説明していこう。

同じN-BOXで比較した時に、この3台の中からどれか1台を買う場合、あなたならどれを選ぶだろうか？　消費者の気持ちになって選んでみて欲しい。

あなたはどれを選びますか？

全てN-BOX　同じモデル・色・装備

❶ **新車**
150万円（即納）

❷ **未使用**
135万円

❸ **1年1万km**
120万円

●全てN-BOX　同じモデル・色・装備だとする。

❶　新車　　　１５０万円（即納）

❷　未使用　　１３５万円

❸　１年１万km　１２０万円

　この３台からどれを選んだだろうか？

　反射神経で選べたんじゃないだろうか？　そして、選んだ時にどういうモチベーションが働いたか考えてみて欲しい。恐らくこうじゃないだろうか。

「このクルマが一番お得だ」

　実際にこの３台の中でどれが一番お得なのだろうか？　業販日本一だと言われる僕が回答してみようか。

　それは、「人による」だ。

　ふざけるなと言われそうだが怒らないで欲しい。そもそも人によって財布の事情も違えば、使用状況も全くバラバラだ。家庭で１台をシェアする人や、セカンドカーの人もいる。通勤で長距離走る人や乗り潰す人、現金かローンか。状況が人それぞれ全く違うから、「これが正解」なんて言える筈がない。

　だからお客様自身に選んでもらう。

お客様は自分が買うならコレ！ こっちが得じゃん！ と瞬時に判断できる。あなたもそうだっただろう。実際にそのクルマがお得かどうかは分からないし、そもそも申し訳ないが、クルマに大差がない。どれを買ってもいい。
だから、その人の「好み」が最適解だ。ちなみにこのアンケートを僕がX（Twitter）で呼びかけてみた最終結果はこうだ。

回答数３３２１票

① 新車 １５０万円（即納） 39％
② 未使用 １３５万円 39％
③ １年１万km １２０万円 22％

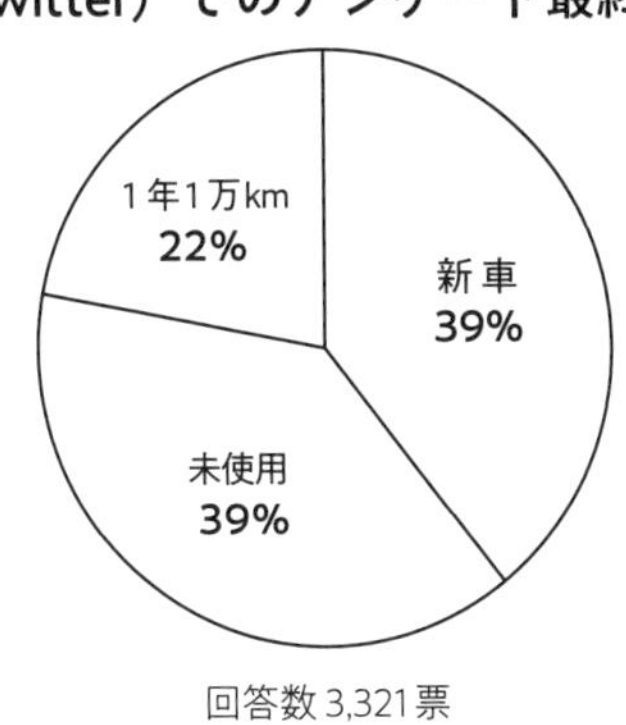

どうだろう？ 好みはバラバラ。そもそも正解なんて僕にも分からないし、状況によるというのが分かってもらえただろうか？ ここは非常に重要なポイントだ。営業マンの中には、あなたのクルマはこれです！ なんて言う的外れな人がいる。僕も普段は消費者だから、営業がこういった的外れな提案をしてきた時には一気に購買意欲が下がる。

比較して楽しんでいたのに、これがお得ですよ、と自分が売りたいであろう商品を推薦される事もある。何故これがおすすめかと熱く語り始める人もいる。彼の熱が上がるほど、僕の熱は急速に冷めていく。

似たような経験は誰にでもあると思う。

もうお分かりだろう。車種選びに必要なのはお客様の好みで比較していく事だ。営業の役割は「選択肢を提供し、お客様に選んでいただく」事であって、お客様のクルマを勝手に決めて押し売りする事ではない。そしてそんな営業スタイルではお客様は楽しくないし、たいして売れないだろう。

では次に比較していく際の最大のポイントを話していこう。

変数を減らして、お客様が選びやすく

お客様の「選択肢を増やし、課題解決する事」を営業の役割としてここまで進めてきた。これを成立させるためには、リズムよくポンポン進めていきたい。

その為に最も重要な事は「変数を減らして比較する」事だ。

先ほどのN-BOXが何故簡単に選べたか？　それは変数が少なかったから。

同じクルマ、同じ条件で新車から古くなるにつれて安くなった。これが車種や色や走行距離、装備が違ってくればかなり迷ってしまう。選べない。先ほどの例を変えてみよう。

	❶	❷	❸	❹	❺
車種	N-BOX	スペーシア	タント	ルークス	eKスペース
状態	新車	未使用	未使用	1年1万km	2万km
価格	150万円	145万円	150万円	130万円	100万円
ナビ	なし	なし	あり	あり	あり
電スラ	なし	付	付	付	付
色	何色でもOK	・シルバー ・グレー	・黒 ・パール	・ネイビー ・グレー	・黒 ・白 ・シルバー ・青

上記のように表にまとめたが、どれがいいだろうか？　真剣に選べば時間がかかると思う。業界の営業はすぐに選べるかもしれないが、お客様には難しいだろう。時間がかかってしまうし、これを繰り返すクルマ選びは楽しくない。しんどい。

重要なのは変数を減らす事だ。

お客様が価格差を判断して選択していく。新車と未使用と1万kmの価格差がそれぞれ15万円ずつなら未使用を選ぶ。それが得だと思ったからだ。その後、車種を比較する。やってみよう。

同じN-BOXで比較して、1万km120万円が好みだった前提で進めよう。

次のクルマも全て同じような1万kmほどの走りで比較する。この中でどれが好みだろうか？

軽自動車の車種選びはパッと見た時の好みで5つから2つか3つに絞られるだろう。今回は見た目と価格でスペーシアとタントのどちらかに落ち着いた

	❶	❷	❸	❹	❺
車種	N-BOX	スペーシア	タント	ルークス	eKスペース
価格	120万円	115万円	115万円	110万円	105万円

※全て同じような1万kmほどの走り

としよう。ここから少しポイントがある。

普通車はサイズや形がバラバラで個性がある分、見た目や使い勝手で車種を選びやすい。一方、軽自動車の長さと幅は全て同じで変わるのは高さぐらいだが、今回の5台で言えば室内スペースは高さの差が最大で5㎝しかない。

つまり特徴を見分けにくい。比較した時にお客様が悩む場合がある。

そういった時に一言でクルマの特徴を言う必要がある。

ほんのわずかの差だが、それがポイントになる。

例えばN-BOXは室内も荷室も一番広い。スペーシアは一番燃費がいい。タントは軽自動車で唯一のピラーレスだ。ルークスは室内空間と燃費がそれぞれ2番手にいい。eKスペースはシンプルに安い。このぐらいでいい。

スペーシアとタントで迷った場合、値段が同じで見た目がどちらでも構わないとなった場合、燃費を取るか、ピラーレスを取るかですね、と話してみればいい。通勤で距離を乗る、一人使いが多い人はスペーシアを選ぶだろうし、子供を毎日送り迎えするが距離はほとんど乗らない人はタントを選ぶだろう。

変数を減らした選択肢の提供だ。

続けていこう。今回のお客様はスペーシアを選んだとしよう。

次の要望が出てきた。色はパールホワイトがいいらしい。

今のクルマが黒で汚れが目立って手入れが大変だったようだ。

ここで要望が出てきたパールホワイトはオプションカラーで、通常色より5万円高い。

そこで次の提案だ。

上の図の中であなたならどれを選ぶだろう？

予算を上げて希望の色にするか、逆に汚れたくないというなら手入れしやすいシルバーにするだろうか。これも好みによるだろう。

変数を減らした選択肢の提供だ。

このお客様は明るめの色が良いという事でベージュを選んだ。

ここで我々営業は、ベージュは汚れが目立ちにくいし、人気色だから売る時のリセールも悪くないという話をして持ち上げてもいいだろう。

ほとんど固まってきた。

1年落ち1万kmのスペーシアで115万円だ。予算もこのあたりが上限だろうという雰囲気は伝わってくる。このあたりでまた問題が出てきた。

あなたはどれを選んで提案する？

❶シルバー　110万円

❷ピンク、青、ベージュ　115万円

❸黒、パールホワイト　120万円

やっぱり未使用車の方がいいかなとお客様が迷い始めた。でも予算アップはしたくないし、ローンは絶対にありえないという。

現場でもこういった事はよくあるだろう。ここで慌ててはいけない。

ここでまた比較しよう。

予算の上限が115万円というのが分かっている。スペーシアの未使用は145万円だがそれは買えない。そこで、同予算で買える別の車種で未使用車2台を比較の対象にした。同じスライド系か、同じメーカーだ。

あなたならどれを選ぶだろうか？

この流れだと、恐らくスペーシアだろう。

1年走っているだけで30万円浮くのはお得だと判断すると思う。そしてこれから見積もりに入っていく流れだ。

おおよその流れを掴んでもらえただろうか？　現場ではもう少し行ったり来たりする事もあるだろう。人によってスパッと決まる人や優柔不断で契約してもまだ迷う人もい

	❶	❷	❸
車種	スペーシア	eKスペース	ワゴンR
状態	1万km	未使用	
色	ベージュ	シルバー	パール
価格	115万円		

る。逆に比較している途中で思いつきもしないクルマを見つけて、これいいじゃん！　とアッサリ契約になってしまう事だってある。そういうラッキーもこの商談スタイルなら時々発生する。

この項の目的は「欲望の壁」を破壊して欲しくなってもらう事だ。その為に、お客様が選びやすいように「選択肢を提供」してきたし、気分よくクルマ選びをしてきてもらっただろう。変数を減らした事で混乱せずに流れるように選んでもらえたと思う。

この商談スタイルでは必殺トークはない。そんなものは必要ない。

よく勘違いしている人が、気持ちよさそうに商品購入に対するネックをなくすトークについて話しているが、あれは間違いだ。言いくるめているだけの場合が多い。

この商談でも二度ネックが出てきた。1つ目は、パールホワイトが欲しいという希望だ。この場合によく使われるダメパターンを書いておこう。

「パールホワイトはぶつけた時に修理代が高いから止めておいた方がいいですよ。それに白系は水垢が逆に目立ちますからね」

これは僕が新人の時に売れない先輩から教えてもらった三流トークだ。どうだろう？　これが三流だ。相手の考えを否定している。

やるべきは価格差を提示して選んでもらうべきだ。もしこれでパールホワイトが選択肢から外れた場合、お客様からすれば納得して決めた事になる。

２つ目は未使用がいいという希望。でも予算はアップしない。

こういった場合によく聞くダメな営業トークも書いておこう。

「お客様、クルマが新しくなったら高くなるのは当たり前で、これはどうしようもない事なんですよ。どうしても距離が妥協できないならローンを組むのはどうでしょう？予算から出る30万円分だけローンを組んでもらえれば買えますよ」

これも三流だ。書いていて気分が悪くなってきた。これでお客様が、そうですよね、分かりました、と理解しても妥協だ。悲しくなる。

新しいものは高い。ローンを組んだら買える。そんな当たり前の事をお客様に言ってどうする。それを分かっていない人が１００万円もするクルマを買いに来る筈がないだろう。

お客様に妥協をさせるのは三流。クルマ選びは本来楽しい筈だ。お客様の意思で、ベージュのスペーシアがお得だと選んでもらおう。

大切な事は、一旦肯定して、その上で比較してもらう事だ。

パールホワイトいいですね！ 僕も好きです！ でもどうしましょう？ オプションカラーなので5万円高くなりますが、どちらがいいですかね？

未使用車、やっぱり気になりますよね！ スペーシアで未使用車にすると予算が上がります。eKスペースとかワゴンRだと同じ予算でいけますが、どうでしょう？

このように、一度乗っかった上で、比較車両を提案し、お客様に選んでもらおう。相手の考えを否定してはいけない。

クルマ選びの主役はあくまで「お客様」だ。ネックを潰すのではなく、ネックをなくす選択肢を提供して、選んでもらう事だ。

営業にとってのネックは、お客様にとっての希望条件

現場でよく言われている最大の間違いはここにある。

よく営業現場で使われている「ネックを潰せ」という言葉がある。これが間違いを大きくしている。営業にとってのネックは、お客様の希望条件だ。

それを潰すだなんて考え方自体が大間違いだ。

この商談スタイルで進めていけば、お客様と向き合う「VS」の構図ではなく、一緒にクルマを探す共同作業のような形になる。

お客様と同じ目線でクルマを探しているので、向き合って商談しているのとは信頼関係の度合いが全く違う。そうして探したクルマは、何台もの中からお客様自身が「自分で探した1台」だ。決して営業マンに推薦されたクルマではない。

自分でお得なクルマを選び続けて、最後にたどり着いた1台が欲しくなっていない筈がない。これで3つ目の壁「欲望の壁」は破壊完了だ。

商談⑥ クロージング――第四の壁「時期の壁」を破壊せよ

さあいよいよ最後の仕上げ、第四の壁は「時期の壁」だ。今買ってもらいたい。いわゆるクロージングだが、ここで問題提起をしたいと思う。クロージングとは一体何だろうか。僕が入社して教えられたのは「買うまで帰すな！」だ。

今考えるとどう考えても間違っていると言えるが、未だにやっている会社もあるようだ。ＳＮＳなどで頻繁に目にする。熱意で粘り勝ちと言えば聞こえはいいけれど、これは三流以下の押し売りだ。

僕のYouTubeのコメントやＳＮＳにも毎日のようにコメントが来るが、いくつか実際に視聴者から寄せられたコメントを挙げよう。

✓今日だけの特別値引きだから明日になると高くなると脅されて即決した
✓4時間ゴリゴリ押されて帰してくれそうにないので契約した
✓長時間になり子供が泣き叫ぶので面倒になって契約した
✓下取りの鍵を返してくれずに疲れてしまったので契約した
✓新卒が上司に怒鳴られていたから可哀そうで契約した

こういった内容を聞いて、同じ業界の人間として心の底から申し訳ない気持ちになる。中には店長や上司にやらされている人も多いだろうし、こうやれと教え込まれて他に方法を知らない人も少なくないだろう。

そういった苦しんでいる現役の営業マンからも相談のDMが絶えないからよく分かる。だけどこういった下手くそのゴリ押し商談はもう止めよう。

お客様への負担も大きいし、自分自身も消耗してしまう。

こんな事が、いつまでも続く筈がない。

ではトップセールスの人たちはどのようにクロージングをしているか?

想像して欲しい。契約のタイミングを見ていれば分かるだろう。まるで流れるように注文書を取ってくる。傍から見ていると、ただただ激アツの商談を続けているようにしか見えないだろう。クロージングとはそういうものだ。

クロージングとは「締めくくり作業」

クロージング（Ｃｌｏｓｉｎｇ）とは、直訳すると「終わり」や「締めくくり」などを意味する。つまり契約に結び付ける最終局面だ。ここであと一押しとゴリゴリ行くのは間違いだ。それはその前の段階の壁が壊せていない事が原因だから、前の車種選択からやり直すべきだ。つまり、ここにたどり着くまでに全ての壁が破壊できていなければクロージングはかけられない。

今回このクロージングについて弊社の社員だけでなく現役のプレイヤーに沢山意見をもらった。年間何百台も販売する大手販売店の営業マンから、中堅企業で売り場の責任者をしているプレイングマネージャー、自らバンバン売っているカリスマ社長。皆さん年間何百台も売るすごい人たちだ。その人たちそれぞれ売り方は違うが、共通して言っていた事がある。

この2つだ。

✓クロージングまでに違和感を全て取り除く
✓お客様が選んだ1台にしておく

実はヒアリングした誰一人として、クロージングというものをかけている意識がなく、それまでに全ての問題を取り除いていた。そしてお客様から「買います」と言われて契約する。全員が口を揃えて言った。

実は僕も同じだ。ここまでたどり着いた段階で、ほとんど契約になったようなものだと考えている。

ではこの項で言う第四の壁とは何だ、と思っただろう。ここで朗報だ。

実はこのクロージングで破壊する第四の壁「時期の壁」はここまでのどの壁よりも簡単に破壊できる。

そしてその壁を破壊した先には必ずお客様の笑顔が待っている。

冒頭にクルマ選びとは本来楽しいものだと書いた。

ここまで本書に書いた通りに実践してもらえれば、お客様は購入後をイメージして楽しくクルマ選びができた筈だし、営業のあなたすらも楽しかったと思う。契約は目の前。後は最後の仕上げをして、買ってもらうだけだ。

最後はプロとしての演出

それでは締めくくりに入ろう。これまでクルマと金額のセットで商談を進めてきたから予算は大丈夫だ。後は保証やオプションなどの細かな説明をしていこう。そこで見積金額を提示して問題なければ契約だ。

と、そうなればいいが、そうはいかない人も多いのではないだろうか？

実は、ここまで来て商談を外してしまうという相談が一番多い。

ここまで流れるように来ても、ここだけは実は流してはいけない。

お客様に、決めてもらう為の演出が必要だ。

まずお客様の心理としては、理由がない限り、一旦家に持ち帰って一晩じっくり悩みたいだろう。クルマは家の次に高いと言われている買い物だ、そう思うのは当たり前だろう。絶対に失敗したくない。

だが理由があればどうだろうか？　即決したくなる理由があれば状況は変わる。

つまり、その場で買いたくなる理由を演出すればいいのだ。

その為には3つのステップを踏んでもらおう。

基本原則はこれまでと同じで、クルマ探しの主役はあくまでお客様だ。

我々営業はお客様に楽しく契約してもらうお手伝いをするのが役割。最後に今日来て良かったと大満足して帰ってもらう為にやるという前提で読んで欲しい。

ステップ1

まずは2つの法則を利用する。それは「希少性の原理」と「損失回避の法則」だ。ここで商談⑤でやった事が効いてくる。

今商談しているスペーシアは、ここまで沢山のクルマの中から何度も見比べて、お客様自身で探し当てた希少な1台だ。もしいきなり現れた他のお客様に、「私が買うわ」と言われたらどういう気持ちになるだろうか？ 「ちょっと待て！ 僕が買うから！」となるだろう。自分が見つけたという「希少性の原理」と、他人に取られるという「損失回避の法則」だ。僕でもそうなる。

実際の手順はこうだ。見積もりをする前に席に案内して座ってもらう。そして、お客様に「あのスペーシア、別の担当が商談中かもしれませんので、一応在庫状況を確認しておきますね」と話そう。

既に気に入っていた場合、欲しい気持ちが一気に加速するだろう。

ここで一旦席を離れて実際に在庫確認や書類や納期に問題がないか確認しておく。そしてこの間に見積もりを作ってお客様の元に戻ってこう話す。「担当の営業に今確認中ですが、在庫は売れていなかったので安心して下さい」ここでお客様がほっとした顔をすればいい感じだ。次に進もう。

ステップ2

次に見積もりの内容だ。ここに仕掛けをしておこう。端数をわざと使う。

今回のスペーシアの総額が１１５万円だから、下取りのワゴンRを11万円と提示しよう。すると支払総額が１０４万円となる。端数が気持ち悪いだろう。

こちらが最高の笑顔で「少し半端になったんですが下取り頑張って104万円です」と提示しよう。するとお客様は言うだろう。「何とか100万円にならない?」もう決まったも同然だ。恐らくそのままでも契約できるだろうが、更に確率を高める為に最後のステップを踏もう。

「上司に確認してきますね」とか「ちょっと算盤はじいてきます」と頑張って来る演出をしよう。

そして最後の仕上げだ。

ステップ3

最後は、試乗してもらおう。

値引き交渉があれば、「本部に確認中」と言ってその時間を使って試乗してもらおう。あなたが決裁権を持つ場合は「金額は頑張ってみるので先に試乗しましょう」と金額はその場で回答せずに試乗してもらう。

試乗中には、運転した感じどうですか?　から入り、今乗っているクルマから良くなった点、居住性や走り、燃費などをイメージしてもらって、通勤や休日に運転しているイメージを持ってもらうといいだろう。

お客様は自分がハンドルを握って運転した事で、買った後をイメージしてしまっている。この状況で値段も納得していて他の人に買われるなんて事は耐えられないだろう。

試乗から戻ったタイミングで落ち着いて聞こう。

慌てないで、自信を持って聞いてみよう。

「いかがでしたか?」と。答えは必ずこうだろう。

「これにします」

これで第四の壁「時期の壁」の破壊完了だ。

お客様は、何台も比較しながら自分で探し出したクルマを、値引き交渉で勝ち取り、試乗した上で、他にも欲しい人がいた中で、自分のタイミングで納得して購入している。

「契約する気はなかったけど今日来て良かった。納車が楽しみだ」と満足していただけている事は間違いない。


いかがだっただろうか?

これが、僕が現時点で思う最強の商談スタイルだ。

僕は未だに営業本や動画が出れば必ずチェックして営業スタイルをアップデートしている。今でも現場での営業指導をして、実践させて成功させてきた方法だ。僕の現時点での精一杯を文字数の許す限り、再現性の高い方法で書き記した。

やれば必ず成果が出る。

間違った会話や上司の教えに屈しないで必ずやってみて欲しい。

すぐにできるものじゃないけれど諦めないで欲しい。僕だって毎日何時間も練習して、何年もかかった。自分の力を信じよう。


世間の人はクルマ屋を想像する時にどういった想像をするだろうか？

世の中の営業マンと比較にならないほどにイメージが悪い。

押し売りやぼったくりをされる怖いイメージを持つ人もいるだろう。

現状では仕方がないと思う。僕もリクルートやキーエンス、セールスフォースやプルデンシャル生命などの一流企業のトップセールスに数多く友人がいるが、現時点では勝負にならないだろう。

だけど、クルマ業界の人に求められる専門知識や、競合の激しさ、顧客対象の広さ。あらゆる点から見ても、営業の難易度はかなり高い筈だ。

それに売って終わりじゃない。そこから本当のお付き合いが始まる。

商売の息の長さを考えると人間力も必要になってくる。本来ならＩＴ企業や外資系営業のように尊敬して信頼されるべきだと思う。

僕たちクルマ屋は、クルマをただ右から左に動かして儲けているわけではない。「クルマのある生活」を売って、人々の生活を豊かにするお手伝いをしている。

本章のおわりに

間もなくこの本のChapter 1「営業活動」が終了する。

ここで離脱される方もいるだろうから最後に知っておいて欲しい。

営業とは、一体、何なのか？


僕は26歳まで貧しかった。

高校を中退した事を後悔し続けた10年間だった。

同級生や先輩たちがスーツを着て働いているのを見て、自分だけが取り残されたような気持ちだった。

毎日、息苦しかった。

時間が戻らないかと、本気で何度も何度も考えて、眠れない夜も多かった。

それを救ってくれたのが「営業」だった。

打ち込む仕事があるという事がこんなに素晴らしいのかと思った。

10年間、力を持て余していた僕は、ここから人生を変えるんだと希望に溢れていた。

毎日誰よりも早く出勤して、誰よりも遅く帰る。

トップセールスになるまで休みを取らないと決めた。


それでも苦労した。先輩とはいえ、年下に馬鹿にされるのは本当に悔しかった。

入社してすぐに、はがきを書く字が下手だと馬鹿にされた。

「中野さん、その字、自分で読めるんですか？（笑）」

悔しくて、その日にペン字練習帳を買って朝まで練習した。

何日も繰り返して練習した。

手の豆が破れる頃にはそいつらよりも字がうまくなっていた。


ブラインドタッチができなくて、「この人やばい！　人差し指で押してる！　日が暮れるよ！（笑）」とみんなに馬鹿にされた事もあった。

その日の帰りに練習ソフトを買って帰り、朝まで練習した。

毎日それを続けて、誰よりもタイピングが早くなった。


売れ始めると嫌がらせも受けた。大切な売り出し日にパンを買って来い、あそこのコンビニのあのおにぎりじゃないとダメだ、カップラーメンはこれじゃないと嫌だ、やり直してこい。

パシリで2時間の買い出しもやらされた。

それでも絶対に負けなかった。

こんなやつらに負けてたまるか。

俺が店長になって、こんなルール絶対に変えてやると決めていた。

昼飯は立って食べたし、通勤中は毎日ボイスレコーダーで特訓した。

寝ても覚めても練習した。トップセールスになるまで休まなかった。

毎日続けた。

何かに取りつかれたかのようだったと当時を知る仲間は言う。

僕は「営業」に全てをかけていた。

ハードワークで体調を壊した事も、心が壊れそうになった事も何回もあったけれど、どんなに苦しくても、もう元の生活に戻るなんて考えられなかった。しっかり稼いでリッチになりたかった。

だけど、金持ちになりたいという理由だけで、あのハードワークを続けられたかと考えると絶対に無理だったと思う。

自分のお金の為だけに続けられるわけがない。では何故続けられたか。

「お客様」がいたからだ。

人は自分の為に行動するより、人の為に何かをする方が幸せになるようにできているらしい。「利他の精神」だ。誰かの役に立ちたい、喜んでもらいたいと思い、行動する事の方が、自分が何かを得るよりもずっと幸せな気持ちになれるそうだ。

まさに営業の仕事がこれだと思う。

営業という職業を選んだ人は「誰かの笑顔が見たい」から辛くても頑張れる。苦しい仕事も乗り越えられる。

成長している営業会社は、極端な利益至上主義の会社が多い。

上司からのプレッシャーや、ライバルとの競争で嫌になることなんかは、しょっちゅうだろう。数字に追われ続けるプレッシャーや、月初に積み重ねた数字が0にリセットされるあの虚しさは、経験した人にしか分からない。僕だって、何度も逃げ出したいと思った。逃げ出せるならまだマシだ。途中で降りられなくなって不正に走る人や、自腹を切ったり横領をしてまで数字を作ろうとする人だっている。極端な利益至上主義は、人の判断を狂わせしまう。

そんなもの、営業マンじゃない。
目の前のお客様に、最高の選択肢を提供しよう。
組織の利益を押し付けず、自分の都合も排除しよう。

本書を読んだ皆さんには、誇り高い営業マンになって欲しい。

そして、あなたの周囲に多くの「ありがとう」が生まれ、その連鎖が広がり、全てのクルマを愛するユーザーが、安心安全にクルマが買える時代が来る事を願っています。

皆さまの事を、応援しています。

Chapter 2

店舗マネジメント

実はこの章からは、一度完成した原稿を全て書き直している。

完璧な店舗運営の教科書を作って一度完成させていたつもりだった。

全て正しい事を書いていたつもりだ。

でも、僕が伝えないといけないのは、こんな事じゃないなと思った。読者が知りたいのはもっと、別の事だろう。

ビッグモーターの不正報道は世間を震撼させ、大きな社会問題になった。

次々と表に出てくる耳を疑う不正行為は、業界最大手の大企業で行われたものとは思えない。まるで犯罪組織で行われたかのようなセンセーショナルなものばかりだった。

みんなが思った筈だ。

「どうして、こんな会社がこれでここまで大きくなったんだ？」

ビッグモーターは１９７６年の創業以来、半世紀近くにわたって業績を伸ばし続けてきて、業界№1の規模にまで育った。組織ぐるみの不正行為が横行し続ける組織が、ここまで成長する事なんてありうるのだろうか？

僕のマネジメント経験を読んでもらう事が、この疑問への回答になると思う。

Chapter２には僕が初めて店長になった２０１０年から、営業本部として組織再編をする２０１７年までを、ケーススタディで学べるように、時系列で、余すところなく書いた。

僕が実際に経験し、現場で実際に起こった事を、なるべく事実に基づいて書いた。カルトのような組織風土と極端な利益至上主義の組織の中においても、純粋に顧客満足を追求してきたつもりだ。かつては多くのお客様に愛される、お客様の笑顔の溢れる繁盛店だった。

ビッグモーターで得た僕の経験は、その反省も含め必ず全てのビジネスマンの力になる。

自分で言うのはおかしいと思うが失敗の数は誰にも負けない。誰よりも多くの失敗を経験したし、その分多くの解決方法も学んできた。

店舗運営に関して、僕は持ち場で一度も負けた事がない。

会社員時代には誰よりも「結果」を出した。

業界最大手の会社で、営業本部に駆け上がるまで7年だ。異例の大出世という事は想像してもらえるだろう。そこそこの成績ではダメだった。

「圧倒的な結果」を出してライバルを黙らせた。

僕以上のスピードで結果を出した人はいないと思う。

そのやり方を僕が経験した順番に沿って書き進める事にする。

28歳で初めて店長になって、マネジメントの素人が社員５００人の会社の企業再編をやれるようになるまで、成長していく段階でぶつかった壁や、その壁をどうやって破ったか。その過程でどう感じて強くなっていったのか。

　失敗談を交えて書いていく。普通のマーケティングやマネジメントの本と同じでは意味がない。机上の空論とは違う、現場で、現在起きている問題解決に役立てて欲しい。

　大企業でのケーススタディだから、自分には転用できないと考えないで欲しい。少しでも組織を動かす人には知っておいて欲しい。現場で起こるであろうあらゆるトラブルがここから出てくる。

　これからマネージャーになる人も、現在の自分の現場で起きている事を想像して読んでいただけると為になると思う。既にマネージャーの人はここから出てくる話を自分のマネジメントに照らしながら読んで欲しい。

　間違いなく、あなたの力になる。

1. マネジメントとは

ここからは僕の、初めてのマネジメントの話に入っていく。

まず言っておきたいのは、この時点での僕は、業界経験1年半の素人だ。

当時、マネジメントという言葉すら知らない。それでもデビュー戦から周囲が驚く成績を出した。誰がやっても数字が上がらないという店舗で、デビュー戦で記録的な販売台数を叩き出す事になる。

経営に運や偶然はあるだろうが、当時、僕の登場によって店が再生した事は読んでもらえれば分かる。

一人の素人が、マネジメントにより、店の数字を大きく動かした。

誰にでも初めてはある。そして、初めてマネージャーになった時にやるべきマネジメントがある。これから書いていく僕の経験は、初めてのマネージャーや経験が浅い人にとって最も有効なマネジメントだと思う。

必ず為になるから是非試して欲しい。

まず、基本のところから始めよう。

マネジメントとは何だろうか？

あなたは答えられるだろうか？　これが正解という答えはないだろうが、マネジメントを「人を管理する」事だと勘違いしている人が多い。

これは大きな間違いだ。

マネジメントの概念はピーター・ファーディナンド・ドラッカーの著書『マネジメント』から始まったと言われている。日本では『もしドラ』の大ヒットで一躍有名になったのでご存じの方も多いだろう。実は僕もその一人で、ドラッカーの『マネジメント』は僕の仕事のバイブルの一つでもあり、店舗運営に関してかなりの影響を受けている。

その「マネジメントの父」と呼ばれているドラッカーによると、マネジメントとは「組織に成果を上げさせるための、道具、機能、機関」らしい。

つまりマネジメントとは、利益を出す為の「手段」だ。人を管理する事ではないという事がお分かりいただけただろうか。

少し難しい話になってきたなと感じたのではないだろうか。

僕もそう思った。だから書き直している。

ここからはドラッカーの考えを基礎として僕が現場で「成果を出す為の道具」として使ってきたマネジメント術を、分かりやすい言葉で書いていく。

専門用語をなるべく使わずに進めていこうと思う。

僕の言葉、僕の考えを書いていくから、全て正しいとは思わない。でも、皆さんは

「今より成果を上げたい」からこの本を読んでいるだろうと思う。

だから、僕が、成果を上げた方法を僕の言葉で書いていく。

では、中野が思うマネジメントとは何なのか?

マネジメントとは「利益の最大化の為の手段」だ。

キーワードはあくまで「利益」だ。

我々は商売をやっている。現場ではライバルと毎日しのぎを削っているだろう。ドラッカーの言う「成果」を測る手段は「利益」以外にない。

もちろん、お客様の為に損してもいい。赤字でもいくらでもやってあげるんだという人もいるだろう。

お金の為にやっているんじゃないという人もいるのは承知している。素晴らしい事だ。

僕だってお金の為だけにやっているんじゃない。

それでも「やりたい事を実現する為には利益が必要」だ。

それは同意してもらえるだろうし、社員がより多くのお金を望んでいるのは間違いないだろう。

だから、ここから先は、「利益の最大化」を目的としたマネジメントについて書いていく。難しい話は抜きで進めていこう。

マネジメント——初めての店長

ここからは、当事者やその家族や取引先やライバルまで含めた数千人を超える規模の関係者について、僕から見たリアルを書いていく。当時僕も一生懸命になっていたが、涙を流して去っていく多くの人も見てきたし、人の恨みを買った事も少なくないだろう。当事者の方が読まれて傷つく可能性もあるので、なるべく多くの当事者に話を聞いて書いた。それでも、ここからは事実をもとにしたフィクションとして読んでもらいたい。

物事には表と裏がある。

これは表舞台の僕から見た、都合の良過ぎるストーリーだ。

28歳、店長デビュー戦から始めていこう。

中卒の土木の現場監督上がりでビッグモーターに入社1年半。クルマを仕入れた事も部下を持った事もない。それでもデビュー月で記録的な販売台数を叩き出した。周囲は何が起きているのか理解できなかったらしい。

当時、先輩店長たちに冷やかされた。「初めは誰でもやるんだよ」とか「勢いだけで売れているな」と言われた。そんなにこの先甘くないぞと。

当時の先輩たちには申し訳ないが、全くマネジメントを理解していない発言だ。もちろん当時の僕も全く分かっていなかったが、それでもとにかく売れた。それを言語化してみよう。先輩に言われた言葉にヒントがある。

「初めは誰でもやるんだよ」

「勢いだけで売れているな」

言われた事がある人もいるかもしれないし、マネージャー就任時、初めだけ売れていたが、徐々にマンネリ化して成績が悪化していくマネージャーを見た事も多いのではないだろうか。

「初めは誰でもやる」「勢いだけはある」こういった事は現場でよく起こっている。

ここを深掘りしたい。では何故、初めは勢いだけで売れるんだ？

それは、初めは店長も現場も初対面だから緊張状態でやる気が出たという事だろう。

逆に言えば「やる気を引き出した」という事になる。マネジメントによって組織のやる気を引き出し、それを継続させる方法が分かれば、再現性がある。

組織のやる気を引き出す

組織は人でできている。だからマネジメントを考える時にまず人のやる気を限界まで引き上げなければいけない。それがやる気の土台だ。それがないままでは、いくらいい事を言ったとしても上滑りしてしまう。

リーダーが理想を掲げたところで聞いているふりをするだけだ。

企業理念を朝礼で読み上げさせてもやる気なんか出ないだろう。何の効果もない。そういう状況をあなたも経験した事があるだろう。僕が初めて店長として就任した坂出店も例外なくそうだった。

坂出店はビッグモーターの四国初上陸の店舗で、老舗だった。その分ベテランスタッフも多く、重苦しい中古車屋独特の雰囲気が出ている店だった

お店に初めて行った時の印象は「驚くほど暗い」だ。

業績が悪くて店長が1年に何回も交代する店舗だった。無理もない。店の業績が悪いという事は当然彼らの成績が悪いという事だ。そりゃあムードも悪いだろう。そんな状況を打破する為の敏腕店長を待っていたら、28歳の入社間もない新人が来た。がっかりもするだろう。

彼らのモチベーションが上がる筈はなかった。

僕の就任初日、ベテラン社員に言われた一言がこれだ。

「優作には悪いけど、この店は難しいよ。誰がやっても数カ月で店長更迭になる。お前は先があるんだから失点しないように流せばいい。俺たちは好きにやるから決済だけくれ」

これを面と向かって言われた。完全に末期症状だ。

確かに僕以前の店長はベテランが続いたが、全員歯が立たずに更迭になった。

そういう状態だから僕にチャンスが回って来たのだろう。

そして彼らは僕には何の期待もしていないし、当たり前のようにタメ口だ。こちらから挨拶しても目も合わさず返してくる。敬語を使えと言ったところで従わないだろうし、逆効果だろう。僕にがっかりしているのは分かるが、あんまりじゃないかと思った。

この状態でスタートを切っても絶対に店の業績が上向く事はない。前任者と同じで、ただ毎日の日報を集計して、クレームが上がったら出ていく、そして数カ月業績が上がらずに更迭。目に見えていた。そんなのは絶対に嫌だ。

そこで僕は腹を括った。どうせ倒れるなら前のめりだ。

営業全員を集めて話をした。

「俺は現役のどの店長よりもクルマが売れる。その一点だけでこの店は復活できる。なんなら俺一人で売ってもいい。みんなでやろう。先月の2倍売ろう」

彼らは僕に何の期待もしていなかったし、僕だって彼らに何をしてあげられるかは分からなかった。でも、あまりにも戦意喪失していた現場を見て腹を括った。やるしかない。本気で自分一人でもやってやろうと思った。

この時、僕の本気は現場に伝わり、全員の表情が変わった。やっと僕の話を聞いてくれる体制になった。

だが、それだけではダメだ。彼ら自身が、これまでとは全く別次元の動きになるような「やる気」の出る目標設定が必要だった。


ドラッカーは著書『マネジメント』でこう書いている。

働く人に働き甲斐を与えるためには、自分の仕事、職場、成果に責任をもたせなければいけません。
1. 仕事自体が生産的でやりがいがある（チャレンジ性がある）こと
2. 自分の成果についてフィードバック（正当な評価）があること
3. 継続的に成長できる環境であること

難しい言葉を使っているが、本質は僕がやった事と変わらない。

僕はここから初めてのマネジメントに成功するが、ドラッカーを読んでいたわけではない。マネジメントを学んだ事すらなかったが、現場のやる気を引き出す事の重要性は分かっていた。僕がやったのはこの3つだ。

①　やりがいのある目標設定
②　貢献意識を持たせる為のフィードバック
③　トップセールスまでの道のりをイメージさせ続ける

これからこの3つについて具体的に説明しよう。

①　やりがいのある目標設定

これまでの店長は目標の共有などせずに、ノルマを押し付けていただけだったから、メンバーも自発的に行動なんかする筈もなかった。自分のノルマが何台で、今自分が何台売っているか分かっていないメンバーも多かった。

そこで、まずは店の目標をメンバー全員で考える事から始めた。上から押し付けられるノルマではなく、あくまで営業本人がやれる気がする、チャレンジする価値のあるゴール設定が必要だった。この店の営業は7人だったから、ゴールは70台に設定した。1人10台だ。当時はこの1人当たりの販売台数で全国一になれたし、年間120台を達成すれば、表彰式に参加できるラインだった。毎月10台を達成して、全員で表彰式に行こう！ という共通の目標だ。当時表彰式は、全国のトップセールスが博多に集合し、夜は中洲で遊ぶのが慣例になっていたし、営業はみんな楽しみにしていた。この時は「坂出店全員で表彰式に行って、中洲で飲もうぜ」と盛り上がった。それに10台売れたらマージンで時計を買うとか、ブランドの財布を買うとか、それぞれの欲しいものや、行きたい場所、乗りたいクルマの話で盛り上がった。

不健全だと思うかもしれないが、これも営業においては大切だ。高尚な志も素晴らしいが、若手の営業にとって、目先の物欲はかなり効果的だ。目標を立てた時はいいが、少しつまずいた時に「ここでもうひと頑張り」と思い出せるトリガーになる動機はあった方がいい。

ダイエットと同じだ。目標を決めた時は強い意志があったとしても、時間が経てば「少しぐらいサボってもいいかな」と妥協が始まり、誘惑に負け、結局やらなくなってしまう。そしてまた元通りの体型だ。それだけならまだいいが、厄介な事に、「どうせ自分なんか何も続かない」と自信を失ってしまう事だってある。これは、ゴール設定のイメージが弱いからだ。成し遂げたい目標があり、それを実現する為の手段であれば、人は頑張れる。上戸彩と付き合えるなら多くの男性は体脂肪率10％に落とす筈だ。

	新人チーム	ベテランチーム
商談件数	65件	75件
販売台数	10台	30台
成約率	15%	40%

店舗販売台数 40台 / 店舗成約率 28.5%

全員で「やりがいのある目標設定」をした事でメンバーは「やってみるか」という気になってきた。だが、まだどこか夢物語のような感じがした。まあ無理もなかった。この店舗で70台なんて誰も経験した事がない。

だから僕は、この目標に更に現実味を持たせる為、誰がどういう動きを取れば達成可能になるか、実現可能性をより高める為に何をやって、何を止めるべきか、ベテランから順番に一人ずつ話し合った。

ここで店舗の大きなシステムエラーを発見した。

システムエラーの発見とゴール設定

本来、商談に最も行くべき「売れるベテラン4人」の接客件数が少なく、売れない新人3人の接客件数が多かった。当時の店舗全体の商談件数は1カ月で140件だった。

実際にこういう事が起こっていた。

ベテランチーム　4名　75件商談　成約率40％　30台

新人チーム　　　３名　65件商談　成約率15％　　10台
店舗販売台数40台
店舗成約率28・５％

分かるだろうか？　成約率15％の売れないメンバーが全体の成約率を押し下げている。

それで店舗の成約率が28・５％まで下がっていた。これが問題だった。

解決方法は簡単だ。売れる人が商談にもっと行けばいいと思った。

それで全員で話し合い、商談の振り分けを変えよう、売れるベテランチームがもっと
商談に行くべきだよな、と話し合った。

そこで商談件数の振り分けを変えた。

このあたりから、全員がゴールに向けて真剣に考え始めた。

これまで店の目標なんて気にした事もなかったメンバーが、全員でポストイットにア
イデアを出し合って、ゴールの70台に向けて意見を出し始めた。

ベテランチーム　４名　１００件商談　成約率40％　　40台
新人チーム　　　３名　40件商談　成約率15％　　６台
店舗販売46台

目標

	新人チーム	ベテランチーム
商談件数	40件	100件
販売台数	6台	40台
成約率	15%	40%

店舗販売台数 46台 / 店舗成約率 32.8%

店舗成約率32・8%

商談件数を変えるだけで前月より6台増えたが、全く足りない。

そこで売れないメンバーの40件の商談を、トップセールスの僕が入れば成約率50%になるんじゃないかと思いついた。インカム（今で言うところのBluetooth）で商談の状況を聞きながら、やばいと思えばカットインすればいいというアイデアが出た。

ベテランチーム　4名　100件商談　成約率40%　40台

新人チーム　3名　40件商談　成約率50%　20台

店舗販売60台

店舗成約率42・8%

目標

	トップセールスを入れた 新人チーム	ベテランチーム
商談件数	40件	100件
販売台数	20台	40台
成約率	50%	40%

店舗販売台数 60台 / 店舗成約率 42.8%

いい感じになってきた。前月に比べ1・5倍の販売台数だ。

だがまだ10台足りない。そこで商談を自ら生み出そうという意見が出た。「売ってコール」だ。ご存じだろうか？

車検が近いお客様に車検予約のAPをして、ついでに乗り換えを考えている人に当たれば査定で呼び込んで商談に持ち込むという作戦。いわゆるテレアポだ。僕は営業時代にやって結果を出していた。当時この店では全くやっていなかったから、この「売ってコール」から10台売ろうと決めた。

ベテランチーム　4名　100件商談　成約率40％　40台

新人チーム　3名　40件商談　成約率50％　20台

＋　売ってコールから　20件商談　成約率50％　10台

目標

	新人チーム	ベテランチーム		売ってコール
商談件数	40件	100件	+	20件
販売台数	20台	40台		10台
成約率	50%	40%		50%

店舗販売台数 70台 / 店舗成約率 43.7%

店舗販売台数70台
店舗成約率43・7%

これで70台のプラン完成だ。かなり難しいが、やれる気がしてきた。

ベテランチーム4人は商談にさえ行けば40%の成約率だ。1人25件商談してもらえば確実に40台売れる。商談数にだけ注意すればいい。

「先輩を信じるから10台お願いします!」と言った。

物は言いようだ。マネジメントを放棄した。

彼らは全員僕の先輩で、入社した時からロープレ研修などをしてもらっていた相手だ。僕の言う事を聞く筈がない。下手に指図して気分を損ねられるより、思いっきり頼った方がいいと判断した。

それに僕は彼らの面倒を見ている余裕なんてない。

僕が何とかしないといけないのは新人チーム3人だ。彼らに30台売らせればこの目標は達成する。彼らがやるべき事は2つだけ。

✓お客様を見つけて入店させたら、僕を呼ぶ

✓売ってコールで10台売る為に、20件の商談を作る

お客様を見つけて僕を呼ぶのは簡単だ。店内に入れてしまえばいい。問題は電話だ。これを何件やればいいのかが分からなかった。だから全員で仮説を立ててコール件数の目標をセットした。

車検は2年に一度だ。中古車ユーザーは10年に一度乗り換えるから、5人に電話をしたら1人は乗り換える筈だ。100人と話せば、20人の乗り換えを考えている人に当たる筈だ！

確かこんな話をして盛り上がったと思う。

営業の皆さんはお分かりだろうが、結論から言うとそんなにうまくいく筈はなかった。2010年頃のアナログ時代の話だ。低次元で申し訳ないが笑って見逃して欲しい。大切なのはそういう事ではない。

全員で、「やれる気がした」という事だ。

上から押し付けられた目標ではない。ポストイットにアイデアを出し合って、初めてみんなで決めた目標だ。難しいのは分かっているが、これなら、頑張ればワンチャンあ

るかもしれないというパワフルなゴール設定だ。

今まで店のお荷物と言われ続けた彼らは、初めて営業として期待された。テンションの高い新人店長が突然現れて、「絶対やれる！ やろうぜ！」と新人たちをやれる気にしてしまった。

僕の「営業力」の強さだけは全員が認めていた。

ベテランチームも気を抜けば、僕と新人チーム連合に負ける事だってありえた。彼らも緊張感を覚えた。絶対に負けられないと思った筈だ。

店の気持ちが、ゴールに向けて一つになった。

目標は70台。

全員が「やる気」になった瞬間だった。

ボトルネック発生

さあやるぞとスタートした平日の1件目の商談。

成約率の高いベテランチームに商談してもらう計画でスタートしたが、何故か店で一番売れない新人がお客様と商談をしていた。僕はやばい！ と思いインカムで商談を聞くと今にも帰られそうな流れだ。そこで僕が商談にカットインして何とか盛り返し契約できた。

危ないところだった。何はともあれ、外さなくて良かった。

そして、その日2件目の来客があった。

当時、坂出店の平日で商談が2件も発生するのは珍しい。やはり僕は持っているなと思った。今度はベテラン社員がタッチしている。よしよしと思ったらしばらく展示場で話をした後に、お客様を放置してしまった。

僕が慌てて確認すると、

「あのお客様は絶対に買わない。誰がアタックしても無理だ。これまで5年間整備だけを利用している」

と言われた。ふざけるなと思った。

「お前の狂った物差しで判断するな。まだクルマを見ているじゃないか！」

と僕は怒鳴って、彼が見切った商談の続きをやる事にした。


当時の事はよく覚えている。後に何度も語られた商談だ。

僕はお客様を勝手に判断するなんてありえないと思った。

わざわざクルマを見に来店してくれている。これまで買っていないのにまた来るという事は、何かを期待してくれているに違いないと思った。

僕が代わって商談を開始すると、確かに難易度は高かった。

クルマを何台も所有していて、毎年何かを買っている。相場を知り尽くしていて既に最安値を他社で見つけて、見積もりを取っていた。その金額は、自分たちの商品より20万円安かった。内容もこだわりが強い。オデッセイの黒、アブソルートのエアロ付きじゃないとダメだと言っていた。

結論から言うと、僕はこのお客様に紫のノーマルのオデッセイの福祉車両を販売した。嘘だと思うだろうが、最後まで話そう。

話し込んでしっかりヒアリングしているうちにチャンスを見つけた。

足の悪いお母さまを週に一度、病院に送り迎えしているという話が出た。

「ここしかない」と思った。

他社と同じ商品で値段勝負しても勝てないけれど、福祉車両なら新車との価格差も大きく、中古で買うメリットが大きい。福祉車両は市場の流通台数も少ないから他社との競合は避けられると考えた。

そして何よりも、足の悪いお母さまが車高の低いオデッセイのアブソルートに乗り降りするのは大変なんじゃないかと素直に思った。

「お母さま、福祉車両だったら乗り降りが楽でしょうね」

お客様は既にクルマを5台所有していた。「確かになぁ。昔は迷惑いろいろかけたし、

1台母ちゃん用にするか」と言ってもらえた。実はクルマの乗り降りが一人ではそろそろ厳しくなっているそうだ。

その日のうちに家まで訪問して、お母さまにも乗ってもらって、全員ご納得の上で、福祉車両という選択をしていただいた。

このお客様はこの後、このオデッセイが廃車になるまでお母さまの病院の送迎に使う事になる。お母さまにもとても喜んでもらって、それ以降はずっと買ってくれるようになったユーザーだ。

少し話が逸れたが、これが初日の出来事だ。平日に2台売れる事なんてこの店では珍しい。かなり良い滑り出しだった。

だが、問題は、僕がいなければ間違いなく2台失っていた事だ。

何故昨日あれだけ話し合ったのに、1件目の商談に新人を行かせたのか?
2件目の商談を何故あんなに簡単に諦めたのか?
全員を集めてこの事実に向き合った。
そして「ボトルネック（問題となる要因）」が明確になってきた。

✓新人が外で雑用をしているから、一番にお客様と接触する
✓ベテランが難易度の高い商談を途中で諦めて、それを新人が拾っていた

この店の「ボトルネック」は新人チームだと思っていた。もちろん新人チームは売れていない。だけどその原因を作り出していたのはベテランチームだった。

まず1つ目の問題だ。

✓新人が外で雑用をしているから、一番にお客様と接触する

新人が先に商談するのは、ベテランが店の雑用を全て新人に押し付けて店舗の外に出ないからだ。自分たちはベテランでクルマを売るから忙しいと、全ての雑用を押し付けていた。それをまずは止めさせる必要があった。

僕も入社1年半の新人だ。つい最近まで先輩の雑用を押し付けられて、パシリをさせられて悔しかったから、彼らの気持ちは痛いほどに理解できた。そこで、店の雑用は全員でやるというルールに変更した。ベテランが外で来店待機をして一番手に商談するように仕組化した。それに、僕は20台以上売った事があるが、雑用を人に押し付けた事なんかなかった。だからベテランには雑用を人に頼みたければ、最低でも20台以上売ってからにしてくれと全員の前で伝えた。

そして、2つ目の問題。

✓ベテランが難易度の高い商談を途中で諦めて、それを新人が拾っていた

この問題は根深かった。どこの店舗でもありがちな問題かもしれない。大手販売店の営業経験があれば頷いている人もいるだろう。つまり、本（もと）を正せばベテランの成約率は40％もなかったのだ。これは「新人チーム」からのヒアリングによって発覚した。先輩が捨てた商談を「新人チーム」が敗戦処理させられていた。

ベテランが新人より力があるのは当たり前だが、実態は集計ほどの実力差はないかもしれないと思った。「新人チーム」は目に涙を溜めながら話してくれた。僕たちに雑用と難しい商談も押し付けて成約率を誤魔化している。僕たちだけが「成績不振者」のレッテルを貼られて悔しいと。

別のボトルネックが見つかる

ボトルネックがまさかベテラン社員だったとは驚いたが、これは多くの組織でありがちな事だ。こういった事はこれから何度も起きる。「ボトルネック」と思って取り除いていくと問題の本質が別に見えてくる。そういうものだ。

こうやって次々と「ボトルネック」は現れる。なくなる事は絶対にない。

そういうものだと分かっていなければやっても無駄だと錯覚し、マネジメントが機能しなくなる。これから他の問題にも対処していくが、見事に次々と別の問題が発生する。

僕は「新人チーム」の話を聞きルールを設ける必要があると思った。再度メンバーと話し合ってルールを決めた。

✓雑用の押し付け禁止
✓ベテランチームだけで新規商談の対応をする
✓新人チームは「売ってコール」からしか商談をしない

「新人チーム」がそれぞれ電話から売るまで、新規の商談に行けないという厳しいルールにした。ベテランチーム4人の退路を断ち、新人チームが電話に集中できる環境を作る為に必要だった。

こうなってしまっては、「ベテランチーム」は売るしかない。そこまでして自分たちに優先的に行かせてもらって売れなければ恥ずかし過ぎる。それに敗戦処理部隊もいないから商談を途中で投げ出す事もできないだろう。

僕は改めて「新人チーム」を集めて話し合った。

「これで俺たちは新規の商談に行けなくなった。このまま電話で商談が作れなければ今月は0台。下手したらクビだ。1台も売れなかった俺も更迭だろうな。どうする？　俺はやると決めたけど、お前たちはやれそうか？」

全員即答で絶対にやり切ると答えた。

彼らはこれまで、先輩たちの雑用や、敗戦処理にいら立っていた。自分たちのペースで商談する事の方が100倍マシだと言ってくれた。

思い切った判断だった。もちろん怖かったけれど、それぐらいのリスクを取らないと何も変わらないと思った。

ガムテープぐるぐる巻き作戦

だが、何年間もやってきた習慣はなかなか直らなかった。

「ベテランチーム」が店長の目を盗んで新人に雑用を押し付け始めた。そして「新人チーム」のアプローチ活動を邪魔する。新人は怖くて断れない。

それを交代で繰り返す。僕がいくら注意しても「納車が遅れてクレームになるよりマシだろ」と言い訳して悪びれる様子もない。

完全に店長として舐められている。悔しくって怒鳴りつけてやりたい気持ちだったが、怒っても逆効果だろう。僕に力がないから仕方がない。

それで、僕は彼らと話し合って一芝居打つ事にした。

「ガムテープで受話器に手をぐるぐる巻き」だ。

昔はゴリゴリの営業会社でよくやっていたと聞いた。笑われそうだが、それを本当にやってしまった。当時の僕はそれ以外に思いつかなかった。もちろん新人チームと打ち合わせをした上で、ベテランチームから身を守る為だ。

今思えば、どう考えてもパワハラだし、周囲に恐怖心を与えたに違いない。当時のメンバーには申し訳ないが、正直この時はドッキリを仕掛けるみたいで楽しかった。

「あいつらドン引きするだろうなー（笑）」と裏で話し合ってゲラゲラ笑っていた。

事情を知らないベテランチームは完全に引いていた。

そこまでやらせて電話をさせて「あんた鬼かよ！」と僕に意見をしてきた。

新人たちが可哀そう、雑用を押し付けるのは忍びないと思ったらしい。

この時は新人チームと「うまくいったな（笑）」とハイタッチした。

そうやって営業活動に集中できる環境を確保した。

「俺たちは坂出店かりそめ買取事業部だな」と新人と僕の即席で作ったチームを成功させるぞと、本部に許可も得ずに勝手に人事異動して結束していた。

そこからはアプローチ対象のセグメントや、トーク内容のアドバイス、時には電話を代わって一緒に呼び込んだ。新人チームに全力で付き添ってアプローチ活動に集中して、お客様が来られたら一緒に商談して、売った。

そうやって「新人チーム」に集中しているとベテランチームが僕の目を盗んで、難易度の高いお客様を放置してまた逃げる。

もう見張るしかないと思った僕は、15分毎にアラームをセットし外に出て、商談の開始を見逃さないようにした。そして商談が始まったら全てのお客様に「ご来店ありがとうございます！」と100万ドルの笑顔で挨拶をしに行った。そうする事でベテランには「見ているぞ」という警告をし、お客様にも「感じのいい店」という印象を与えて、成約率を1％でも上げようとした。

まるでイタチごっこだったが、少しずつマシになっていった。

それでもやる事を絞っていたからやり切れた。
✓「ベテランチームに商談させる」
✓「新人に商談を作らせる」
これをやりさえすれば、70台販売できる。

みんなで決めただろう。やろう。絶対やれる。

毎日毎日、耳が痛くなるぐらい言い続け、毎日カウントダウンした。「3台目が決まったな！　あと20日、いける！　良いペースだ！　今週で5台まで持っていこう！」これを毎日、朝昼晩、本気で一緒にやった。今思えば完全にブラックな環境だが、当時はこれでメンバーも初めて期待されて、苦しいながらも何とか目標に食らいついてくれた。

ここで思い出して欲しい。僕がやったマネジメントの2つ目だ。

② 貢献意識を持たせる為のフィードバック

毎日徹底して目標に対するフィードバックを続ける事で、ゴールまでのやる気を継続させ続けた。トリガーとなるセリフとセットだ。「10台売って、みんなで博多へ行こうぜ」だ。

もちろん、当時のマネジメントは未熟そのもので、毎日遅くまで働かせたし、パワハラやモラハラも日常的にあったと思う。でも、とにかく商談になれば営業と一緒になって全力で決めにいった。何より、僕が誰よりも「彼ら」のゴール達成を信じて疑わなかった。

マネジメントでよく失敗するのはここだ。未熟なマネージャーはよく「最近の若者は自発的に仕事をやらない」とか、「努力をせずに諦める」と言うが、そんな事はない。それは、リーダーが信じて、サポートしないからだ。はっきり言ってマネージャー失格。部下が可哀そうだ。人は誰かに期待され、貢献していると感じた時に最もやる気が湧いてくるものだ。リーダーが信じてくれないなら、やる人間はいないし、努力が継続する筈がない。

僕はメンバーを信頼し、目標に対するフィードバックを毎日行う事で、彼らのやる気を持続させ、それにより自分自身も気持ちを高めていった。

他にも細かい工夫はいくらでもやったし、毎日のようにベテランチームと衝突もした。方針で揉めて摑み合いになった事もあるし、口喧嘩して熱くなっている姿をお客様に見られて本社にクレームが入った事もある。

それでも、毎日、小さい工夫を繰り返して問題解決していった。

いくつか思い出せる事を書いてみよう。

✓お客様駐車場の位置を変更。店内からお客様が見える位置へ
✓机の向きを外向きにしてお客様が見えるように変更
✓ベテランを前、新人を後ろにして、受付をベテランにやらせる
✓来店待機を当番制にして順番を決めた
✓本部の決済を取らずに新人チームを買取事業部に任命した
✓商談管理ボードをオリジナルで作成した

とにかく問題が出ればその場で原因を取り除くように努めた。

掃除の当番表を作ったり、電話をワンコールで取れと怒ったり、とにかく毎日が文化祭の前日のように忙しかった。毎日深夜まで仕事をした。

一つクリアするとまた別の問題が出てくる。その対応をしている間にまた元に戻ってしまう。店長としてオペレーションをしていたというよりは、店のリベロとしてあらゆる場所で、問題を解決していくような事をしていた。

記録的販売台数を達成

そうやって毎日トライ&エラーを繰り返してドタバタの1カ月が終わった。

結果、販売台数は64台。目標には届かなかったが、この店では数年ぶりの記録的販売台数で、前月の40台から25台多く（1・6 4倍）売った。

1カ月間ドタバタで全員毎日遅くまで働いた。最終日の深夜に日報を作り終わった時には床に倒れ込んでしばらく動けなかった。

本当に最後まで自分を使い切っていた。新人チームの1人は初めての10台を達成し、残りの2人も7台販売してくれた。3人とも、入社してからの販売台数記録更新だった。

これまで新規の接客を何件やっても5台以上売れる事がなかった3人が、接客を絞られた事で、過去最高の販売台数を叩き出した。誰の目から見ても奇跡だった。

月の途中で何度も息切れしかけたが、乗り切れた理由は他にもある。これがマネジメントの３つ目のポイントだ。

③ トップセールスまでの道のりをイメージさせ続ける

営業マンは管理するものじゃない。マネジメントによってやる気を引き出して、自発的に目標を持たせるものだ。だからリーダーは日々の努力による成長を実感させる為のフィードバックをし、更に自らが見本を示し、「苦労の先にある成長」を常にイメージさせ続ける事が重要だ。

僕は「俺と同じようにやったら日本一になれる」と一緒に商談して見本を示し続けた。商談後はロープレで復習し、彼らは毎日確実に強くなっていったし、成長を実感していたと思う。営業マンは一度この成長角度に乗せてしまうと、後は自分で努力し始める。どんなビジネスパーソンでも、成長を実感できるのは、何より楽しいからだ。

何はともあれ、１カ月で劇的な変化が起きた。

ベテランチームも今までにない手ごたえを感じてくれた。

初めは僕は目も合わせず、全く相手にされていなかった。

何の期待もされていなかったけれど、この1カ月を通して信頼関係が出来上がっていた。気付けばいつからか、僕の事を「店長」と呼び、敬語で話してくれるようになっていた。

こうやって劇的な復活劇を遂げた彼らの顔つきはすっかり変わっていた。

「古豪坂出店復活」というキーワードを自ら掲げ、強かった時代を取り戻すと全員の心は一つになっていった。彼らにはもう王者の風格さえ漂っていた。

営業とはそういうものだと思う。それまでずっと結果が振るわず諦めていても、一度結果が出てしまえば自信を取り戻す。顔つきが変わり、店のムードが良くなる。それで顧客満足度が上がり、店の好循環が始まっていく。

だけど、一度は無理をする必要がある。改革が必要だ。改革にはとても勇気が必要だし、すぐに戻ろうとする力が働く。でも諦めてはいけない。やらなければまた元通りだ。この苦しいところだけ抜けてしまえばいい。やらなければ何も変わらない。でも、やると決めて行動すれば、必ず結果が出る。

新人だからできたマネジメント

僕はこの項の初めで、メンバーのやる気を引き出す為に3つのマネジメントを実践したと書いた。

① やりがいのある目標設定
② 貢献意識を持たせる為のフィードバック
③ トップセールスまでの道のりをイメージさせ続ける

この3つのポイントが最もうまくいったのだろうと考えていたが、書籍にするにあたり、当時のメンバー数人と連絡を取った。彼らには素人だった僕が実践したマネジメントを評価してもらったが、これまでのベテラン店長と何が違ったからうまくいったかを教えて欲しいと聞いてみた。すると10年以上も前の事だがみんな昨日の事のようにハッキリと覚えていた。僕と同じで、彼らにとっても特別な体験だったようだ。

彼らの話をまとめると次の3つだった。

✓一人でもやるという「覚悟」
✓絶対できるという「自信」
✓自分が先頭に立つ「行動力」

「あれだけ本気で来られたら誰だってやろうって思いますよ、売れないって言っても聞かないんだもん（笑）」と言われた。

つまり、僕は当時「やる気を引き出すマネジメント」で成功したと思っていたが、その土台には、「圧倒的な熱量」があったという事らしい。

「お前らがやらないなら俺が行くよ」とすぐ商談に割って入ってくるし、一日に何回も「売れそう？」「アポ取れた？」としつこく聞いてきたらしい。1時間前にも言ったわ！（笑）と思っていたらしい。

そして毎日「やれるって！」と言ってくるからやるしかなかったそうだ。

自分が諦めていても、目の前のド素人には通用しない。本気でやれると思っているから、やれないと考える事を止めてしまったらしい。

これが新人のド素人だからできた「マネジメント」だ。

素人には過去の常識は通用しない。前例がないから本気でやれると思っているし、怖いものなんかない。できるかどうかなんて考えてもない。シンプルに言うと「モチベーション」を圧倒的にぶち上げた、という状態だろう。

僕は店舗運営について、経営者からの相談に乗る事が多い。

そこでよくマーケティングや、戦略や戦術の話をひたすらしている人がいるが、「ちてもっと待て」と思う。

社長は安全なところでそれを考えているけれど、何故現場と話さずに、僕に相談している？　現場のメンバーはどう考えているんだ？　と思う。すると、あいつらに話をしても意味ないから、最近の若者は頑張るとか知らないから、と。


こういう人の会社に何を教えても意味がない。

いくら大層な戦略や戦術を教えて実行したところで何の意味もない。

上滑りして噛み合わない。

組織は人でできている。現場のやる気を引き出す事が一番重要だ。

それができて初めて、戦略や戦術が乗ってくる。

特に販売現場では一人の素人が現場のムードを激変させる。そのムードでもって「信じて任せる」から現場も本気でやる気になったという事だ。


これなら再現性がある。誰でもできる。もちろんやる気を引き出した土台の上に、戦略や戦術を乗せればもっとうまくいく。

それでも、僕の年齢で今の実力を持ってあの当時の店に戻ったとしても、同じ成果が出せたかというと疑問だ。恐らく勝てないだろう。

この「坂出店」で僕が行ったマネジメントは今の時代には通用しない部分もあるだろう。だが、皆さんどう感じただろうか？　利益至上主義の組織で、上からの命令に震えて、部下にノルマを押し付けていただろうか？

そうじゃない。純粋な、素人の熱狂で組織を動かしたんだ。

「たった一人の熱狂」から始まった集団の「やる気」というのは、それぐらいとてつもない力を発揮する事がある。

あなたが新人店長なら、是非腹を括って再現してみて欲しい。

またその頃の気持ちを忘れてしまったマネージャーのあなたも、現場の最前線に久しぶりに立って、戦う背中を見せてみてはどうだろうか。

部下のやる気スイッチは、頑張る上司の背中にある。

2. 店長の役割

新規出店の店長に抜擢

坂出店の店長デビュー戦で成功を収めて2カ月運営した頃、その功績を認められた僕は、7月にグランドオープン予定の「ルート11号店」を任される事になった。

敷地面積4000坪、展示台数200台超の大型店だ。

販売、整備、板金フルセットで店舗規模が坂出店の2倍以上。

会社としても期待の大型店舗だった。当初は僕より実績のある先輩店長がやる予定だったが、デビュー戦の結果を見て本部は僕に白羽の矢を立てた。

僕もやれる自信があった。

規模が大きくとも自分の力があればどうにでもなると思った。

この店は、会社としてこれまでにない、新しいチャレンジをしたい店だった。僕にはミッションが与えられた。

「新人だけでグランドオープンを成功させよ」

今思えばYouTubeの企画のようでいかにも楽しそうだが、このミッションで僕は地獄の苦しみを味わう事になる。

当時ビッグモーターはいよいよ全国展開を本格化するという時期で、課題になっていたのは「人材」だった。既存店舗の成績は好調で、会社としてもどんどん出店したい。日本一に向けて出店ペースを加速させたい時期だった。

だが、新店舗をオープンさせる為に人材が抜けると、既存店がパワーダウンして業績が悪化するという問題を抱えていた。そこで、「新人だけでグランドオープンを成功させよ」だ。

そうすれば既存店の戦力ダウンは最小限に抑えられると本部は考えた。

今考えるとどう考えてもうまくいく筈がないんだが、当時は本部も僕も若かった。面白そうだ。何とかなるだろうと考えていた。

僕に至っては新人だけの方がうまくいくのではと考えていた。

デビュー戦で「ベテランチーム」の扱いに神経をすり減らして苦労した事もあって、全員がまっさらだとコントロールが楽で簡単に売らせる事ができると思った。それが難しければ、最悪僕一人ででも売ればいいと思った。また坂出店の時と同じだ。何とかなると覚悟を決めた。

任命されたその日に人事異動が流れた。すぐに準備に取り掛かろうとしたがオープン予定日を聞いて驚いた。残り3週間を切っている。焦った。僕はメンバーに最短で集まるように招集をかけ、オープン予定の店舗を見に行った。

店舗に着いて驚いた。まだ何もない。展示場にアスファルトも敷いていないからクルマも入れられないし、店内では電気やインターネットの工事も終わっていなかった。心臓の鼓動が速まり、冷汗が噴出した。絶対に間に合わない。

オープンに漕ぎつけたとしても新人を教育する時間がない。これは大変な事になりそうだと思った。後は来てくれるメンバーに期待するしかない。

前途多難の出発

翌日からメンバーが1人、2人と集まり始めた。営業メンバーは10人だ。他にも整備、板金部門があるが、幸いにも両工場長は社内でも凄腕で知られているレジェンドだ。彼らの部門に関しては完全に僕が立ち入る必要はない。僕は営業部門に集中すればよかった。

数日後、営業10人が揃った。メンバーのうち9人は県外から来てくれた。

ルート11号店は全国から集めた新人だけでグランドオープンを成功させる為、会社が敷地内に寮を併設してくれていた。今の時代ならとんでもないブラック企業だと言われそうだが、当時はありがたかった。

僕も家に毎日帰れる余裕はないだろうという事で1室確保した。

全員揃ったところで自己紹介を始めた。ここで驚愕の事実を知る事になる。自分の耳を疑った。到着した10人全員が今年入社の新卒だと言う。この時は7月。入社してまだ3カ月だ。

クルマを売った事ある人は？　と聞くと全員が首を横に振った。続けて、商談をした事はあるよね？　と聞く。すると2、3人だけしか手を上げなかった。しかも彼ら10人中9人が県外から来ていて土地勘が全くなく知り合いもいない。身内や友人からの受注も全く期待できそうにない。仕方がないのでそれぞれ自分がやれる業務を書き出していこうというところから始まった。この時、どういう状況か完全に把握した。

ここに集まったメンバーは、店舗に配属された新卒の中で最も戦力にならない、こいつらなら出してもいいと判断された10人だった。実際には、やる気も能力もあるメンバーで時間をかければ十分トップセールスを狙える実力があるが、この時点での彼らは営業に関する教育は何も受けていない。雑用を少し覚え始めた程度のレベルでしかなかった。これでは絶対に間に合わない。

この時、オープンまで2週間を切っていた。

ドタバタの準備が始まった。まずは買い出しだ。２０１０年頃、備品はインターネットでは集められない。クルマで買いに行くしかないが、Googleマップも LINEも普及していない時代だ。仕方がないのでお使い表をノートに書いて全員に地図をコピーして渡したが、買い物一つまともに進まない。


店長！　道に迷いました！　ここどこですか？

店長！　ガス欠で止まりました！　助けて下さい！

店長！　クルマぶつけました！　どうすればいいですか？

店長！　財布を忘れました！　持ってきて下さい！

店長！　棚を組み立てていて手を切りました！　病院行きます！

店長！　店長！　店長！　だ。もう笑ってしまう。一つ仕事を頼んだら一つトラブルが起きる。準備が全く進まない。毎日深夜まで、時には朝方まで準備をした。この2週間はベッドの上でまともに眠る時間はなかった。

そうやってオープン当日を迎えた。店内のレイアウトは何とか間に合ったが、オープンしても展示場に値札が付いていないクルマが半分近くあったし、登録書類の準備や納車に必要なものは何一つ揃えられていなかった。でも、最低限売れる体制だけは整えた。オープン時の在庫は300台近くあったと思う。

いざグランドオープン

この日は全国のトップセールスが応援に来てくれた。グランドオープンの時は大勢のお客様が来られるから、大手ではこういった風習がある。営業時代のライバルたちが集結するドリームチーム。本部からも集まって全員で売りに集中する一大イベントだ。

現場のオペレーションは当時の本部にお任せして、僕はプレイヤーとして商談して売りまくった。そもそも応援が来たとはいえ、店舗スタッフ全員が販売未経験の新卒だ。自分というプレイヤーを投入しない選択肢はなかった。

だがこの判断が大失敗だった。後に自分の首を絞める事になる。

オープンフェアはそこそこの結果で幕を閉じた。3日間で50台程度の販売だ。

今思えば当時の大型拠点のグランドオープンにしてはかなり少ない台数だが、この時は本部を含めて誰も違和感を持っていなかった。

だが、ここで大きな問題が発生する。「納車」だ。

全国からトップセールスが集まったおかげで何とかオープンの売り出しを終え、注文書は取れた。だがこの50台を僕と新卒10人で全て納車しなくてはいけない。クルマ業界以外の方の為に説明すると、はっきり言って無理なミッションだ。間違いなくクレームの嵐になる。

トップセールスの引継ぎを、商談すらした事のない新卒ができる筈がない。グランドオープンの勢いで営業力にものを言わせて売っているのがほとんどだ。

再商談をしないといけないものも多い。クルマ屋は注文書を取る能力も必要だが、納車をうまくさばく能力が同じぐらい求められる。それができないと月に10台以上の販売はできない。

ディーラーの営業マンが月に5台程度の目標であるのはこれが理由だ。

注文書を取った後にどの程度の仕事があるか、書いてみよう。
✓他店舗の在庫を持ってきてお客様とコンディション確認
✓保証やオプションの再確認
✓任意保険の説明と手続き
✓整備士へ整備箇所の打ち合わせ

✓板金工場へ、板金箇所の打ち合わせ
✓車庫証明書類回収、提出
✓名義変更
✓ETC、ナビセットアップ
✓ディーラーにクルマの持ち込み
✓コーティングや納車準備
✓納車
✓下取り車をオークション出品準備

ここまでがセットだ。これ以外にも入金の確認や、お客様との密な連絡、整備や外注各所へのスケジュール管理や調整の現場監督的役割を担当営業が全て行う。この段取りが狂えば納車日は遅れクレームになる。商談すらした事もない新卒ができるわけがないのだ。

マネジメントの失敗とその代償

ここからは地獄の日々の始まりだ。

納車するので精一杯。それも遅れながらなので、クレームの嵐だ。

納車遅延が発生し、お客様の自宅に謝罪に訪問していたら別の場所でクレーム発生。慌てて1件目のクレームを解決し、2件目へ直行。そこが解決したと思って電話を見ると現場の営業からの着信が20件。

毎日誰かに怒鳴られていた。

それに、納車だけすればいいんじゃない。

ビッグモーターはゴリゴリの営業会社だ。僕は営業成績だけで抜擢された人間だ。当然、売らないといけない。売れたら在庫の補充も店長の仕事だ。毎日何台も納車しながら、売って、クレーム対応して、それから在庫の補充をして、毎日深夜、時には朝方まで働いた。

当時、会社のトップが僕に期待していた事を何一つできていなかった。

僕の役割は、「新人に売らせて成果を上げる事」だ。

当たり前だが、彼らに売らせないとそもそも店として成立しない。まだまっさらな新人にチャレンジさせながら、正しく導き、成功体験を積ませる事が僕の本来の役割だ。

それを焦って目先の数字の為に自分で商談して注文書を取ったところで焼け石に水だ。

こんな事いつまでも続くわけがない
スタートから間違っていた。準備不足だ。本来ならしっかり教育、準備をして一人で商談や納車ができるようにしておくべきだった。十分に教育されないまま舞台に上げられた彼らに、僕は教育する余裕が全くなかった。それでは成長する筈もないのに、必死に頑張り苦しむ営業メンバーに十分なフォローもせず、八つ当たりして成績が上がらない事を問い詰めた事だってある。リーダーである自分の責任なのに、完全なる責任転嫁だ。

坂出店でできていた事が全くできなくなっていた。僕は、弱い最低なリーダーに落ちぶれていった。完全にマネジメントに失敗した。

ここからは転落する一方だ。引き続き自分が商談をして納車をしながらクレーム対応をして、仕入をして、ボロボロになっていく。いくら仕事を消化しても、それ以上に仕事が溜まっていく。

過労死寸前からの更迭

僕はこの時に一度過労死してもおかしくない状態まで落ちている。

若かったから立ち直れたが、精神的にも肉体的にも命を落としても全くおかしくない状態だと医者に言われた。生々しい話だから書くべきか迷ったが、僕と同じ失敗を防ぐ為に書く事にした。

まず、ここまで僕は数カ月まともに休んでいなかった。

坂出店の店長就任からのドタバタで休む余裕が全くないままにルート11号店のグランドオープンだ。新人しかいないから当然休むどころか、店を少しの間も空けられない。そして営業時間が終わると上司と酒や麻雀の付き合いだ。飲めない酒を無理矢理飲まされた。

朝方まで付き合わされて、タクシーで店に戻ってすぐ仕事だ。

金も、体力も、気力も奪われていく。

ソファで仮眠を取って、現場でまた商談する。

徒歩1分の寮に帰って風呂に入る気力もない。着替える事すら面倒でソファで寝た。平均3時間も寝ていなかっただろうし、シャワーを週に2、3回浴びる程度。2カ月の間にベッドの上で眠った事はほとんどなかった。

こういった生活を続けていくと当然体は壊れていく。

まず1カ月を過ぎた頃から激しい頭痛が始まる。初めは薬で誤魔化していたが、途中から群発頭痛に変わった。発作が始まると一切仕事が手につかず嘔吐してしまう。普通の薬では症状を抑えられなくなり、強いステロイド系の薬で症状を誤魔化し続けた。この頃から全身にストレス性皮膚炎を発症し出血が各所から始まる。

同時に手足に痺れを常に感じ始め、時々手が痙攣して、文字が書けずキーボードを叩けないような時間が数分続いた事もあった。

オープンから2カ月を経過した頃には血尿が出て、常に熱が出ていて体がだるく重かった。まるで自分の体とは思えないほどに体が重いと感じていた。

恐らくこの状態はあと1カ月も続けられなかっただろうと思う。

常に頭がぼーっとして、正常な判断は何一つできていなかった。

毎日朦朧とする意識の中で、本部からのプレッシャーや目の前のお客様、新卒メンバーを守らないといけないという使命感から戦っていた。自分のキャリアをここで終わらせたくなかった。このままでは更迭になる。そうなれば二度とチャンスが来ないかもしれない。怖くて仕方なかった。

これが映画やドラマなら奇跡の大逆転劇が起こるだろうが、現実は残酷だ。

ここから更に良くない事が起こる。

愛媛県で一人暮らしをしていた祖母がバイクで事故に遭ったと連絡が入った。かなり危ない状態だという。もう会えなくなるかもしれない。緊急事態だが、当時のビッグモーターはゴリゴリの営業会社で、成績不振の店長がこんな事を報告できるような状態ではなかった。

僕は店を新人たちに任せ、数時間だけ本部に黙って抜ける事にした。

朝6時に香川を出て、愛媛の病院で祖母に会って帰ってくれれば昼前には戻れる。

3時間程度なら不在にしても本部にバレないと思った。

だけど9時を過ぎてすぐに連絡があった。

「何故リーダーが店を不在にしている！」

カメラで朝礼の模様を監視されていた。朝礼に僕がいない事を知ったZ取締役は、報告もせずに抜けた僕を許さなかった。

業績不振の店舗で店長不在。新卒だけで機能する筈がないだろうと。


僕の店は少し前から監視されていた事をこの時知った。


こうして僕は祖母の入院している病院で更迭を告げられた。

更迭を告げられた時、正直ほっとした。もう限界だった。

僕はそのまま座り込んで一歩も動けなくなった。全身の力が抜けてそこからの記憶がほとんどない。気付けば点滴を受けていた。血圧は２００を超えていた。自分のものとは思えないほどに重く感じていた体重は2カ月で10kg落ちていた。内臓や皮膚のあらゆるところに異常が出ていたらしい。

この時、大人になって初めて号泣した。

誰もいなくなった病室で枕に顔を押し付けて布団にくるまり、声を出して泣き続けた。

人生を変えるんだとビッグモーターに入社して、ここまで順調に来た。

トップセールスになり、最年少店長になり、そこで実績を出した。

誰よりも努力して頑張ってきた。そうやって手にしたポジションを一瞬にして失ってしまった事が悔しくて堪らなかった。

誰にも弱音を吐かずに、誰にも頼らず溜めていたものが堰を切ったように溢れ出てしまった。

誰もいない病室で、何時間も、ずっと泣き続けた。

そして、これまでの数カ月分を取り返す為に、丸一日眠った。


その後、数日で僕は現場復帰する。好きなだけ眠った後は完全に切り替えた。体と心の傷は癒えていなかったが、残された新卒の面倒を見ないといけない。新卒の彼らが最も不安な筈だった。この時彼らは入社5カ月だ。オープンから一緒にやってきた店長が更迭になって休んでいるなんてやば過ぎる。

戻ってすぐに、彼らのケアをしたかった。


店舗に戻った僕は「今月トップ賞を狙う」と宣言した。

その日からクルマを売り始めた。

僕の後任には当時営業本部のV部長が就任した。

当時は誰もが認める現役最強の人だった。

後で分かった話だが、V部長は新人店長の僕のフォローをするように兼重社長から指示されていたらしいが、十分なフォローをせず、遊び回っていた事が兼重社長の怒りを買ったらしい。自分で立て直して来いと言われたようだった。

V部長は昼間から麻雀やパチンコに行き、夕方から飲みに行っていた事が後に発覚するが、この段階では現役最強の本部だ。

早速V部長は、本部の号令でトップセールスを含む強いメンバー4人を他の店舗から招集し、そこに僕を加えて戦う体制を整えた。

いきなり全国屈指の最大火力の店が完成してしまった。当時の僕はそんなの反則だろうと思ったが、これも実力だと今なら分かる。僕がやるべきはこれだった。

トップの兼重社長にありのままを伝えて、助けを呼んでいればこんな酷い状況にはならなかった。その間に来られたお客様には本当に申し訳なく思う。

実はこの話には続きがある。営業として気持ちを切り替えた僕は2週間で店長に復活する。デビュー戦で成功した坂出店だ。復帰初日から売りまくってトップ賞争いを始めた僕の鋼のメンタルを兼重社長に評価してもらった。

その後、一カ月程度、坂出店で店長をした後、更に大きい超大規模拠点を任される事になる。それから僕は、大きな挫折や成功を経験し、最も大きく成長をする事になるのだが、それは次の項で書いていく。

一方この店はどうなったか。最強の本部、V部長がトップセールスを従えて見事に業績を回復しただろうか？

いいや。無理だった。

それどころか、全く歯が立たなかった。

ルート11号店はここから数年間赤字を垂れ流し続ける恐怖の赤字店舗となった。

現場のメンバーは「関わる人を全て不幸にする墓場」とか「倍の労力をかけて半分の成果しか上がらない店」と言われるようになる。

何年もの間、誰がやっても黒字にならなかった。

誰も口に出しては言わないが、完全に「出店の失敗」だった。当時は本当に苦しかったが、貴重な失敗を経験させてもらったのは、僕にとって今となってはいい経験だったと思える。

一方、立て直しの為に乗り込んだV部長はストライキにあう。

数カ月も経たないうちに営業メンバーの半数近くが退職届を提出した。

彼らはZ取締役とV部長の悪行をトップの兼重社長へ直々にリークして辞めていった。部下を飲みに連れ回したり、仕事中に麻雀に誘ったり、無理矢理ローンを組ませてクルマを買わせたり、日常的なパワハラ、モラハラを兼重社長は許さなかった。当時、圧倒的な権力を持っていたV部長は、地方の営業に飛ばされた。

当時の営業から、「中野さんの仇は取りましたよ」と言われてありがたかったが、彼らと別れるのは辛かった。留まってもらえるように説得したが、彼らの意思は固く「僕たちのような人間が二度と出ないように、中野さんが本部に上がって会社を変えて下さい」僕にこう言って、会社を去った。

僕は彼らに二度と同じ失敗を繰り返さない事を約束した。

余談だが、数年後、僕が営業本部に配属された後、慢性的な管理職不足に陥っていたが、何度も「V部長を復活させてはどうか」という声が、本部内でも上がった。人数の少ない店なら数字は出す人だから、という事だったが、僕は徹底的に反対した。絶対に復活させなかった。

会社を去った仲間との約束を守りたかった。

この章の執筆中に、当時僕にこう話して去って行ったメンバーから、当時の話を聞かせてもらった。僕も地獄だったが一番苦しんでいたのは現場の彼らだっただろう。何も分からないまま店舗に飛ばされて、売れない店舗でいきなりデビューさせられた彼らは辛かったに違いなかった。

「あの時は力になれなくて申し訳なかった」と話してくれた。僕も全く同じ思いで悔しかった。それでも当時を思い出すと懐かしく感じる。いい思い出、いい経験をしたよな、精一杯頑張ったよな、とお互いに笑い合った。

苦しい経験だったが、今となっては笑って話せる青春だった。

僕にとって、この2カ月間は人生において特別な経験だ。

持てる力を全て注いでも、プライベートを全て捨てて仕事にコミットしたとしても、努力が報われない事もある。そういう事を学んだ。

こういう経験は営業会社で戦う皆さんもあるかもしれないし、これから経験するかもしれない。だけど、自分一人で何とかしようとしない事だ。

時にはどうしようもない事もある。僕はあの状態が数カ月続いていれば壊れてしまって二度と現場に復活できていなかっただろうと思う。

組織で働く人全てに、言いたい。

危なくなる前に、逃げ出して欲しい。

今思うと、28歳の新人店長に、自分だけの力で何とかしようと思わせていたところに組織の問題があったんだと思う。カルトのような組織風土と異常なプレッシャーと「店長解任」の恐怖が、そうさせたんだと思う。怖くて、誰にも助けを求められなかった。心と体が壊れてしまう寸前まで、本部からストップをかけられるまで、自力で戦おうとしていた。

これが、極端な利益至上主義における組織の問題の一つかもしれない。

人生は長い。ゆっくり進んでいけばいい。

ここでこの本が終われば、この経験は失敗で終わるが、僕には次のチャンスがすぐに巡ってきた。ルート11号店での経験を生かして、この後大きく飛躍していく。

大切なのは失敗を経験に変えて成功の糧にする事だ。

3．超大型店でのマネジメント

営業に更迭されて2週間後、僕は店長デビューの坂出店で復活していた。

また店長としてメンバーも温かく迎え入れてくれ、この店では全てが噛み合った。新卒10人と2カ月戦った僕は各段に強くなっていた。中規模店舗は僕にとって簡単に数字が上げられる店になっていた。

すると、またチャンスが突然回って来た。

中四国の基幹店と言われる超大型拠点の「讃岐店」への任命だった。

これまでとは、社員数も、来場者数も、規模も、全く違う店。

兼重社長から直接連絡が入った。

「中野さんならやれる。好きにしていいから実績を上げてくれ」

期待されて嬉しかった。それにここは、僕が営業として入社した店舗だ。特別な思い入れがあった。

こうして僕は半年ぶりに讃岐店に店長として戻ってきた。

僕は入社初日を思い出していた。

「この会社でトップを獲る。最短で本部まで行かせてもらいます」

中卒未経験の僕が、最初の挨拶で膝を震わせながら言った一言だ。

当時はみんな手を叩いて笑っていたが、入社して2年で店長になった僕を今は誰も笑わない。よく戻ってきたと歓迎してくれた。

自分を育ててくれた先輩もいるし、一緒に戦った仲間や後輩もいる。

他部門のメンバーや女性スタッフともみんな仲良くやっていたから、この店でのマネジメントは絶対にうまくいくと思った。

店長デビュー戦の坂出店で苦戦したベテランの扱いや、ルート11号店の新卒だけで店を運営した僕にとって今回は簡単だと思った。

当時、全国で3位～5位争いをしていた讃岐店も、僕がやればすぐに1位を獲れると思った。

初日の挨拶でも、全員で全国トップを獲りにいこうと話をした。

ところが、現実は甘くない。

僕はここから讃岐店の業績を急落させる。

何カ月も連続で前年の実績を割り続け、更迭スレスレのところまでいく。

坂出店で成功した、人をやる気にさせるという武器（マネジメント）だけで乗り切れるレベルの店ではなかったのだ。僕はこの章の初めの方で組織は人でできているからやる気を限界まで引き上げる事が大切だと書いたが、そんな事は店舗運営においては当たり前の事だった。

何か分かった気になっていたが、やる気にさせて楽しいだけで、運営がうまくいく筈がない。組織が大きくなるほどマネジメントの威力を発揮する事ができるが、逆もありうる。僕は驚くほど無力だった。

ここから僕はマネジメントやマーケティングについて本格的に勉強を始める。学んだあらゆるテクニックをここから実践していくが、難しい言葉はなるべく使わないように書いていく。

この段階で大きく影響を受けた本は組織運営の教科書とも言われる『ザ・ゴール』だ。ＴＯＣ（制約理論）の原点をストーリー形式で学べる本。

業務に忙殺され仕事がうまく回らないという当時の僕にドンピシャの本だった。問題の本質（ボトルネック）を正しく捉えて、取り掛かるべき課題を洗い出し、正しい順序で改善していくという考え方を学んだ。ここからの改革は全てこの理論に従って「ボトルネック」を解決していくという考え方で進んでいく。

「やる気」の土台の上に戦略や戦術を乗せる時が来た。

ここから、売れなくなった讃岐店が劇的に業績をＶ字回復させる。

誰もが認める「最強讃岐店」と言われるように成長していくストーリーを時系列に沿って話していこう。

店長の役割は3つ

讃岐店の士気はすこぶる高かった。

全員元々強いメンバーで、表彰式に毎年常連で呼ばれる歴戦の猛者の集まりだ。メンバーの生産性は全国屈指の店舗だった。坂出店や、ルート11号店のようにメンバーの戦力に不安を抱える店とは全く違う。業績が急落していく原因は100%店長の僕にあった。

何とかしようと必死だったが、この時の僕は仕事にまみれて全く余裕がなかった。讃岐店は社員数が50人近くいる店で、これまで経験した店舗の3倍近く売る店だ。事務処理やクレームや決済の対応に追われ、前向きな仕事が何一つできなかった。

そこで、僕はまず店長の役割とは何なのか？　を整理し直した。

やる事、やらない事を明確化して、数字を上げる為に必要な事のみに自分という経営資源を投下しようと考えた。

そして僕は自分がやる事を3つに絞った。

商品の構成や売値を見直し、集客を増やそうと考えた。営業マンの打席数を増やすマーケティングだ。その後は打率だ。成約率を上げる為に商談を一緒に管理していく。そして売れた後の売掛管理。納車の効率を最大まで高めて1人当たりが納車できるキャパを広げようと考えた。

だがこの時点で問題があった。僕は超大型店舗のマネージャーだ。処理しないといけない事務処理が大量にある。月に150台以上売る店だ。毎日何枚も注文書が上がってきて、納車の伝票が上がってくる。それに、当時は毎日のように整備部門や板金部門との連携ミスでの人的クレームの対応に追われていたから、このあたりの仕事の流れも見直す必要があった。

店長の3つの役割

■商品管理
→商談数を増やす

■商談管理
→成約率を上げる

■売掛管理
→回転率を高める

権限の委譲とクレームの撲滅

攻めの営業活動をする為に、まずは守りを固める事にした。

忙殺された業務とクレームをなくす事が最重要だと考えた。

まずは事務処理。当時1人だった店長代理を3人に増員して、承認権限を委譲した。よく考えればまだ僕は業界経験2年のド素人だ。店長の僕なんかより店長代理の方がずっと事務処理が速い。適材適所だ。その上で3つのチームに分け、業務の教育担当をそれぞれの店長代理に委任した。

前回の店舗での失敗を繰り返す事はしなかった。ここで事務処理を自分で背負っていては前回の二の舞だ。今回は「権限委譲」によりそれぞれのチームの店長代理に任せる事にした。店長代理が全てを承認して監視する事で事務処理速度も上がり、店長に集中していた質問にも足を取られなくなった。新人メンバーも頼る人が明確になった事で成長スピードが一気に加速したし、チーム戦で競争原理も働き、更に活気が生まれた。

そして次にクレーム対策だ。

当時発生していたクレームの原因のほとんどは連携不足の人的クレームだった。つまり「忘れていた」という情けないクレームだ。もちろん大手企業だから高度なシステムで顧客情報は管理している。顧客データを開けば全て状況は把握できる。だが、それ故にシステムに頼り過ぎて、PC画面上でやりとりするから、部門を横断するコミュニケーションが欠落していた。

だからこのヒューマンエラーをアナログで解決する事にした。

お客様との約束事を書き込む掲示板を、店舗の全員が見える場所に設置した。どんな些細な約束事でも整備の依頼を受ければ書き込み、毎朝全部門で確認するようにした。
○月○日の○時に○○様がETCの取り付けに来るというのを、受けた時点で書き込みする。

未来の予定を全て書き出して、毎日、朝礼の時に、全員で共有するようにした。それ以外にも昼、夕方は部門長同士で集まり、情報を共有し合った。

一日10分程度、全員で集まって情報共有するだけだった。

これだけの事で、お客様に対する当事者意識が全員に芽生え、部門間のコミュニケーションが活発になり、クレームが激減した。

問題の本質は、僕のリーダーシップの弱さからくる、コミュニケーション不足だったのだ。

部門を超えた連携

あなたのお店ではうまく連携ができているだろうか?

クルマ屋に限らず、部門がいくつもある場合はうまく連携できる仕組みが必要だ。どうしても営業と整備の仲が悪くなったり、営業と板金部門が衝突したりする。部門毎に利益相反が起こるからだ。

車検入庫のお客様にクルマを売れば、整備部門の車検台数は減るし、整備部門が車検単価を上げようとすれば、営業にユーザーから不満の連絡が入る事もある。営業は板金の工賃を安くしようと板金部門にお願いするが、そうすれば板金部門の収益が下がってしまう。それぞれ持ち場の数字を上げようとすれば、相手の数字が下がってしまう。

このバランスを取るのが店長の本来の役割だが、キャリアや相性の問題でそうもいかない場合が多い。

当時の僕の場合がそうだった。自分が就任した讃岐店は中四国のフラッグシップと言われる基幹店だ。各部門長は全員大物で自分より大先輩だった。初めは僕の事なんか全く気にもかけていない様子だったが、それでは現場が全く機能しない。

横の連携を取る為に、毎日何度も話し合った。部門毎の利益や目先の数字は顧客には一切関係のない話だ。そんなものを追っていても結果的に顧客満足度は下がり、クレームの発生に繋がり、結局は部門の数字を落とす事になる。

だから各部門長と本気で、お互いが納得いくまで話し合って決めた。

店舗の目標利益の達成の為に、各部門の目標がある。各部門の目標数値の達成の為には顧客満足の追求と、部門の垣根を越える事が絶対条件だとお互いに話し合って納得した。

整備部門の目標達成には車検が要になる。この車検予約を営業部門で引き受けた。代わりに車検時に乗り換え案件が発生した場合は営業にうまく繋げてもらうよう連携した。お互いに数値を決め、コミットした。営業部門と板金部門の金額もテーブルを決めた。

更に板金部門の仕事量を商品化で確保した。買取部門の数字の不足を埋める為に販売目標をセットし、全件僕がオペレーションして売らせた。

毎月部門を跨いだ懇親会を行った。

今の時代ではどうかと思う人も多いかと思うが、現場の意見を吸い上げる為に必要だった。現場からの建設的な意見や問題があれば、すぐに修正した。特に、受付の女性スタッフやお客様と接触する整備士の意見は細かく聞いて、彼らが仕事をやりやすい環境を徹底的に整えた。常に「顧客満足」を軸に、相手に敬意を持って協力する姿勢を示す事でみんなが協力してくれた。

この店は「全員営業」で行こうと、全員が気持ちを一つにしていった。

気付けば讃岐店の離職率はどこよりも低くなり、就任時に毎日何件も発生していたクレームは月に数件程度に激減した。

商品管理「商談数を増やす」

守りを固めた僕は商品管理に手を付けた。

まずは徹底的にライバル調査と対策から始めた。

讃岐店は当時既に中四国でNo.1の店舗だったが、僕が店長就任後、昨対比で20台程度販売台数を落とし始めていた。ライバル店に取られていた。ライバルは2店舗あった。

1店舗目は前年オープンしたビッグモータールート11号店。僕が店長としてオープンさせ、失敗させた店舗だ。ルート11号店と讃岐店とはクルマで20分程度の距離だったから、同じ会社でカニバリゼーションが起こっていたのだ。前年は存在しなかったルート11号店に、毎月20台～30台は流れているという事が分かった。だがルート11号店と争っても仕方ない。もう一つの原因の方を対処する事にした。

2店舗目のライバルは、近隣に数年前にオープンした「軽未使用車専門店」だ。軽自動車の未使用車を150台以上展示する、最近力をつけてきた店舗だ。

少し情報を取ると、この店は毎月100台以上売っているという。ここに流れているお客様を横取りすると決めた。まずは自らお客様のふりをして潜入して、徹底的に店の状況を聞き出そうと思った。

僕は自ら潜入してみて驚愕の事実を知った。見覚えのある顔が何人もいる。讃岐店にお客様のふりをして何度も来ていた人が、ライバル店の営業として働いているではないか。中には、採用面接をして内定を出した人までいた。つまり、相手はもう何年も前からこちらのプライスを徹底的に調べ上げ、全てこちらより安く設定して対策していた。相手の方がずっと上手だったという事だ。お客様を取られて当たり前だ。

これでもう遠慮する事はない。僕は徹底的にやる事にした。社員やその家族、友人やユーザーに協力してもらって徹底的にやった。見積もりのパターンやクレジット金利、オプションの値段や保証内容、営業の人数や戦力を調べた。仕入先や仕切り金額を聞き出して粗利を計算した。家賃や建築費や広告宣伝費まで計算し、収益構造まで徹底的に分解して、彼らができるプライスの限界値を把握した。

あそこまで潜入捜査した人はいないだろう。営業妨害だと言われればその通りだと思うし、褒められた事ではないが、とにかく徹底的にやった。

調べていくと、ライバルが未使用車100万円で展示しているものを、こちらは中古なのに105万円で展示していた。

全く同じ商品で古くて高い。買う筈がない。しかもこれを全てのクルマでやられていた。彼らは我々を倒す為に毎週調べて、こちらが下げれば下げる。常に我々の5万円下を貫いていた。こちらが軽自動車の平均粗利15万円でやっている間に、ライバルは5万円の粗利でどんどん我々からお客様を奪っていた。

見事な戦略だ。「軽自動車の未使用」に特化して150台展示していた。軽自動車だけなら当時四国一の展示場だろう。こちらは四国最大の展示場だが、軽自動車は100台しか並べていない。つまり数でも、値段でも負けていた。ランチェスター戦略だ。

ランチェスター戦略

ランチェスター戦略をご存じだろうか？

戦力を「強者」と「弱者」に分け、それぞれがどのように戦えば有利に戦局を運べるかを考える為の戦略論だ。この考え方はマーケティングでは必要不可欠なので少し触れておきたい。元々ランチェスターの法則は第一次世界大戦から導き出された戦争の法則だ。「兵力数と武器の性能が敵に与える損害量（戦力）を決定づける」というものだった。簡単に言おう。同じ戦闘力の2人が戦えば強い武器を持つ方が勝つ。または同じ戦闘力と武器を持つ場合、人数の多い方が勝つという具合だ。これをビジネスに置き換えるとこうなる。

ランチェスター　「戦力＝武器効率×兵力数」

ビジネス　「営業力＝営業の質×営業の量」

ここでいう営業力というのは、「人」ではない。「商品」だ。もちろん営業力（人）も鍛える必要があるが、この段階ではマーケティングの話だ。入口でお客様を受け入れる為の空中戦の段階だから地上戦と分けて考える必要がある。あくまでここでやっているのは「集客」だ。

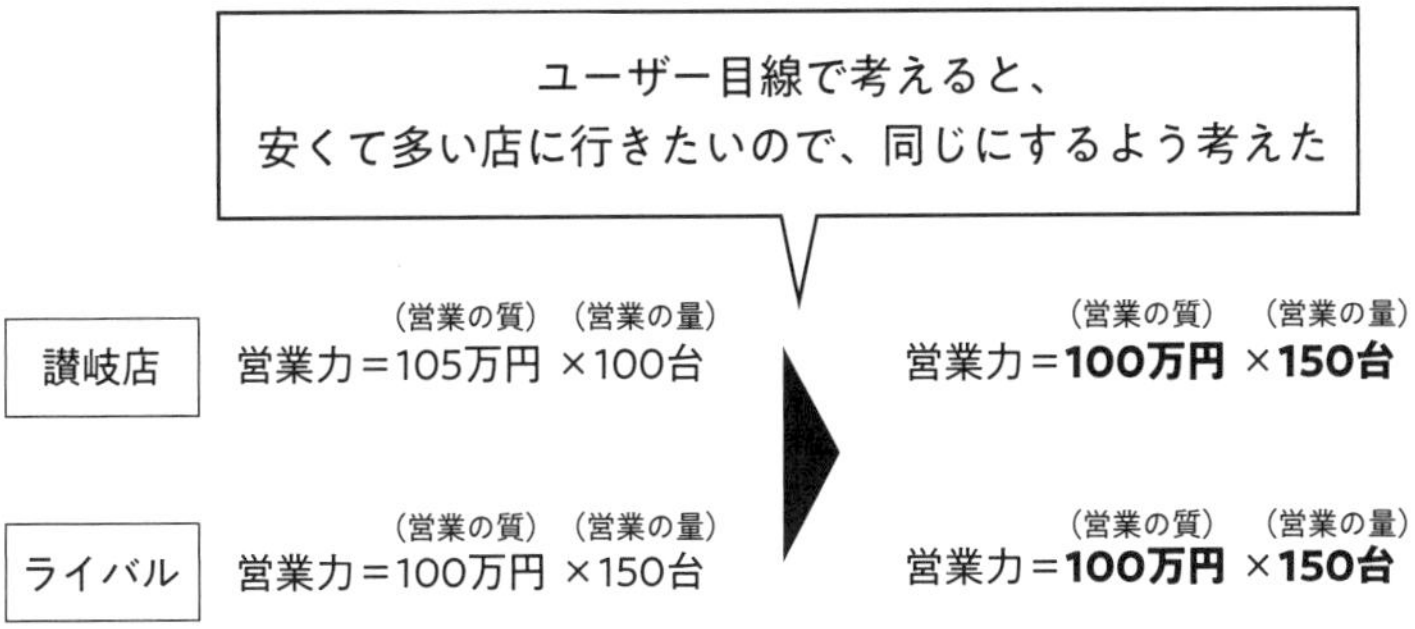

ユーザー目線で考えると、
安くて多い店に行きたいので、同じにするよう考えた

	（営業の質）	（営業の量）		（営業の質）	（営業の量）
讃岐店	営業力＝105万円	×100台	▶	営業力＝**100万円**	×**150台**
ライバル	営業力＝100万円	×150台		営業力＝**100万円**	×**150台**

今回の場合で言えば、営業の質が売値で、営業の量が在庫台数だ。両方負けている。数式で考えてみよう。

讃岐店は入口で負けている。全てこちらより安く、その上量が多い。ユーザー目線で考えると、安くて多い店に行きたいのは当たり前だろう。だから同じにしようと考えた。

全く同じ戦力ならどちらが勝つだろうか？

実はランチェスター──は弱者の戦略と言われている。

自分より強い相手に対しても、戦う領域を絞り込んでいけば勝てる。つまりこの場合で行けばライバルは「軽未使用車」の一本で勝負してきた。

厄介な戦いを仕掛けてきているが、これに関して、実は有効な対策がある。「ミート戦略」だ。

これは強者の戦略と言われていて、弱者の差別化ポイントに即座に追随して差別化ポイントを無効化してしまうという事だ。荒っぽいやり方だがこれほど有効な対策はない。商売はでかいところが勝つようになっている。

更に、お客様との接点であるチラシの特選車は徹底的にやった。

過去のチラシを全て取っていたからパターンは分かっていた。だから相手が未使用車で掲載するクルマと同じクルマのちょい走りを用意して、全て10万円下で掲載した。こちらは全て1年落ちの中古だが、チラシの表面を見ると全てライバルのクルマより10万円安く見える。そして裏面にはライバルと同じ未使用を同じ値段で掲載した。お客様にはどちらも選べるようにした。

他にも徹底的に全てパクった。車検付きパックを相手がやれば真似した。ナビプレゼントをやれば、翌週から真似し、10万円補助をやればこちらも追いかけた。徹底的にやった。最安値保証も打ち出し、マイナスになろうが何だろうが、全部売ってしまえと大号令を掛けた。

ここまで空中戦をやればどうなったと思うだろうか?

そう、圧倒的に集客が増えた。

平均粗利はもちろん落としたが、それを超える台数が売れた事になる。ライバルも強かった。実は当初の計画ではライバルからユーザーを勝ち取っていくという計画だったが、相手にも恩恵があったようだ。讃岐店とライバルとの激しい価格競争をする事により、遠方からもユーザーが集まってきた。つまり、ライバルとの戦いで互いに高め合って他の市場からの集客に成功したという結果になった。

だが、当時は周囲のクルマ屋からかなりのお叱りをいただいた。

「安売り合戦はやめろ！　巻き込まれて大変だ！　やり過ぎだろう！」

この時、戦いに巻き込まれて廃業したクルマ屋もいたと思う。競争市場だから仕方ないとは思うが、ライバルと戦う為とはいえ、確かにやり過ぎだったと思う。僕も必死だった。

この成功体験は思わぬ戦いを加速させていく。マーケティング合戦だ。本体価格を安くして薄利多売の作戦を始めた事で、予想をはるかに超える集客に成功する。そして、思わぬオプションや保険収益、クレジットの手数料が転がり込み始めた。クルマの車両本体で利益を取らず、オプションで稼ぐビジネスモデルが加速していく。

価格競争を仕掛けてきたライバルへの対抗策だったが、今思えばこれが数年後に全国の業界を巻き込むマーケティング合戦の始まりだったのかもしれない。


少し脱線したが、こうして商品管理により「商談数を増やす」という1つ目のミッションはクリアした。

今あなたはどんな気持ちで読んでいるだろうか？

中野さんにはできたかもしれないけれど、俺の会社では無理だ、そこまでの決裁権は与えられない、と思っていないだろうか？　もしそう考えたなら、その思考停止は良くない。

僕が簡単にできたと思うか？

全国展開の業界大手の店舗で入社3年目の僕に？

そんな決定権がある筈がない。

準備して、本部を説得して、勝ち取ったんだ。

ライバルを徹底的に研究して、現状の負けを認め、倒す策を練り上げて、撤退条件を決めて、「やらせて下さい。絶対に結果を出します」と連絡した。この時、膝は震えていたし、解任になる可能性だってあった。だけど僕の覚悟と論理に納得して、本部は3カ月の期限付きで許可してくれた。決して簡単にやれたわけじゃない。ランチェスターも『孫氏の兵法』も何度も何度も読んで理論武装していた。

現状を突破したければ、過去の延長で考えてはダメだ。ピンチを打破する為には改革が必要だ。やり方を一気に変えないといけない。それを実行する為には覚悟を決めて、理論武装して、決裁者を説得しなければいけない。

言われた通りにやるだけならマネージャー失格だ。

商談管理「成約率を上げる」

集客に成功すると次に成約率の改善に着手した。成約率の向上については様々な方法があるが、大きく分けると3つだ。

1. ロープレ等、商談力の強化
2. 商談中のオペレーション
3. 商談後の追客

ロープレで個人の商談レベルを引き上げるという事は既に徹底して行っていた。こちらは前半部分で書いている内容を読んで欲しい。ロープレ指導はどこの営業会社もやっていると思うからここでは割愛する。

成約率を高める上で、最も即効性が高いのは商談中のオペレーションだ。

最も伸びしろが大きく、店長の差配によって店の成績が左右される。

ここに本格的に手を付ける事にした。

僕は成約率の目標を現状の30％から50％に引き上げると決めた。

既に集客に成功していた店舗の商談数は月に４００件を超えていた。20％の改善で80台の増加だ。ちなみに言うと現役時代の僕の成約率は50％少々だったから全員トップセールスレベルの商談レベルまで引き上げないといけない。普通に考えて現実的ではないだろう。

だが、今回は武器があった。「最安値保証」だ。

他社より高い場合、見積もりを持ってきてもらえれば必ず安くするよという、家電量販店でよく見るあれだ。これは当時クルマ屋では誰もやっていない悪魔の手法だったが、ライバルを徹底的にやっつける為に実行する事にしていた。このシステムをうまく利用して商談管理すれば十分可能だと思った。

まず商談の考え方だが、一人で商談して成約率が10％の人でも、成約率50％の店長が一緒にクルマを探して、提案のアドバイスをすれば、10％から30％に引き上がるというのが基本の考え方だ。だが問題があった、この店は超大規模拠点だ。土日には商談が同時に10件発生する事もあり、商談全てに的確なサポートはできない。そこで僕はオペレーションの方法を完全に変えて、営業主体で、再来店する確率を高める事に的を絞った。

商談開始と同時に1回目で決めにいくか、2回目以降で決めに行くかを営業と一緒に判断して商談を開始するようにした。

何故か？　個別のアセスメントで商談にアドバイスをしていくと連絡がつかないという事が圧倒的に多く、一度帰したお客様の半分が音信不通だった。自分の営業時代を考えるとありえない事だった。

全てのお客様がクルマを買うまで、1年でも連絡していくのが営業だが、店の全員が似たような状況でほとんどのお客様と音信不通となった。原因は2つある。

✓一発で決めようと詰め過ぎる
✓次回に繋げる帰し方ができていない

これが原因だ。悪循環だった。どうせ連絡が取れなくなるぐらいなら一発目で攻めようとゴリゴリ攻めて、外す。だから音信不通になる。酷い話だがこれがこの時点では正しい商談だとされていた。そして、店長が一発で決めろとプレッシャーをかけるから、営業も「一発」で決まる見込みが薄い事が分かった上で詰め切って、音信不通になっていた。

だから、営業に「一発」か「再商談」か、自分で決定させた。

再商談にゴール設定する

再商談率を高めるポイントは「見極め」だ。

商談の早い段階から「再商談」に向けて商談する事が最も重要なポイントになる。だが「一発」で決めるべきものを外すとライバルに取られる可能性も出てくる。だから、この「見極め」を営業と一緒に行う事にした。

トップセールスの「見極め」を徹底的に叩き込むと決めた。

まず僕は営業と一緒に店頭に立った。営業が接客に入ると自分が商談しているつもりで商談を見守った。乗って来たクルマ、着ている服、見ているクルマや、順番、声や表情からお客様の雰囲気を判断し、今商談の何合目だ、ここからゴールまでの道筋は、という具合に営業と一緒に商談した。

そしてなるべく早い段階で商談を見極めて「一発」か「再商談」に向けて商談を進めていくようにした。

ここで大切なのは「再商談」の見極めラインを事前に営業としっかりすり合わせておく事だ。可能なら店長が時々商談にタッチする事をおすすめする。僕なんかはお茶やおしぼりを自分で出したり、資料を持って行って、商談の雰囲気を摑むようにしていた。時には話しかけて流れを変えてもいい。

そうやって、「一発」よりも「再商談」が有利と考えた場合、次回のアポに向けて商談を進める。これが苦手な人が多いからパターンを決めておくといい。ワンパターンでいいだろう。

「ちょうど、希望のクルマに近いものが来週下取りで入ってきます。展示する前で値段が決まっていないから安くできるので見に来られますか?」この一点突破でいい。実際に再商談のほとんどはこれでやってきた。もちろんそんなに都合よく下取りが入る事なんてありえないから、商談用にドンピシャのクルマを仕入れてしまうのだ。仮に多少外したとしても、決まるまで繰り返せばいい。Chapter１でも触れているので参考にしてもらいたい。ヒアリングさえ正しくできていれば間違いなく再商談になる。

再来店の成約率は１００％に限りなく近くなるだろう。

ところが、直近で再商談が組める場合ばかりではない。半年、１年先の商談の場合もある。この場合は未来の予定を組んでおこう。

次ページ上の図のように未来のスケジュールを商談ノートなどに赤字で記載していく。未来の予定を赤字で記載しておき、当日アクションすれば黒字で塗り潰すようにする。こうすると、上司も担当も漏れをチェックしやすいだろう。

全商談を営業と一緒に追客していく。毎日「商談管理ノート」をチェックして来店集計と数を合わせて、アクションの精度をその都度高めていく。

追客を営業と一緒にやっていく事で、その場の成約率を高めつつ、同時に営業の教育にもなる。店長が仕入をしているから、管理商談中のお客様のニーズに近いクルマを仕入れてあげれば営業も売りやすくなる。

僕は店長時代に、勝手にクルマを買ってきて、「このクルマの資料を●●さんに送って呼び込もう」と指示していた。営業が全く覚えていなくても僕が買って仕入れて来て

未来の予定を組む

商談当日	手書きの感謝状を送る
1週間後	オイル交換の無料チケットを送る
2週間後	新入荷車の資料（前回よりいい条件）を送る
3カ月後	新入荷車の資料（前々回、前回より更にいい条件）を送る

連絡させるだけで、少なくとも月10台は販売していた。こうやって一件一件、丁寧に営業していく事で成約率はどんどん上昇していった。

すぐに30％から35％に改善され20台の販売上積みに成功した。これから数年かけて、この店の成約率は50％に押し上げられていく。

売掛管理「回転率を高める」

販売台数が好調になっていくとキャパオーバーが始まる。讃岐店はある時期から1人当たりの販売台数が社内でNo.1になった。10人で150台を売るから1人毎月15台の納車を抱えるようになる。営業出身の方はお分かりいただけるだろうが、月に15台を納車し始めるとかなり忙しくなる。店平均で15台だから、全員が同時に忙しくなる。

こうなると来店対応に手が回らず、接客漏れや、納車のミスが発生し始める。

そこで僕は「売掛管理」を徹底的に行い納車の回転を速めようと考えた。

納車を高速回転させて営業の手元に仕事がなるべくない状態を作り出そうと考えた。

考えてみて欲しい。同じ15台を販売する2人の営業がいたとして、どちらに余裕があるだろうか？

営業A 常に10台納車待ちを抱えている

営業B 常に5台納車待ちを抱えている

答えは営業Bだろう。常に抱える納車台数が多ければ、お客様とのやりとりの回数も多くなり新規の商談に集中できない。つまり手持ちの納車を減らす為に何ができるか考えた。

まず、手付金を支払うまでは注文書を取らない、という事から始めた。つまり固い契約以外を排除した。

営業はどうしてもその日の注文書を欲しがる。少々強引でも注文書を取ってしまえばライバルに取られる事はないからだ。だが、これが無駄な仕事を生み出していた。営業の都合でお願いして注文書を取っているからお客様に振り回されるし、キャンセルの確率も高くなる。キャンセルほど無駄な仕事はない。

まず手付金がないと注文できないルールにし、固い注文以外は受け付けないようにした。キャンセルになるような注文は必要ない。

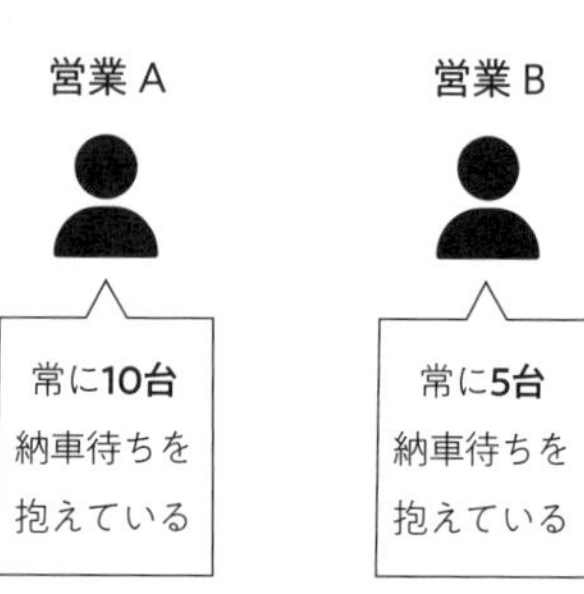

次に、車両代金の入金は注文から原則5日以内でお願いするようにした。それを超える場合は稟議制にし、お金の目処が立っていない注文に足を取られるのを止める事にした。5日というと厳しいルールのように感じるが、考え方を変えただけだ。お金の目処が立ってから、注文書を取るようにしたという事だ。注文日を後ろにズラしただけ。

お客様はお金と書類を同時に動かす事がほとんどだから、お金の回収を早めれば同時に書類回収も早くなり、納期が短縮できる。不思議なもので現金回収を早めれば驚くほど納期が短縮された。平均納車日数が15日から10日に短縮され、営業は常に楽に納車が回せるようになっていった。

商品を買ったらすぐに欲しいのが人間の性だ。ましてやお金を払えば尚更だ。納期短縮の「ボトルネック」は車両代金の回収日を早める事だった。

他にも営業のキャパを広げる為に様々な工夫をした。納車を平日、店頭に来てもらえるように工夫したり、代金回収は原則振込でお願いした。書類をレターパックで送ってもらうようにして、なるべくお客様に足を運んでもらう回数を減らすように努力した。

受注してから納車までの接触をなるべく少なくし、時間を短縮させた。あくまでルールは顧客満足の為にやっているので、このルールだけ見れば窮屈そうに感じるかもしれないが、お客様にご理解いただけるよう努めて、どうしても書類や現金を持ってこないと気が済まない人には柔軟に対応した。

説明すればほとんどの方が協力してくれて、何一つ問題は出なかった。

これにより、1台納車平均で2時間の短縮に成功した。月に15台売るから1人当たり30時間だ。2、3日分の時間の捻出に成功し、生産性を向上させ、営業活動に専念できる環境が整ってきた。

このあたりから業績が上向いてくる。

それでも改革の手を止めず、ボトルネックを見つけては改善し、また新しいボトルネックが生まれて、すぐに取り掛かった。代表的なものを書いていこう。

✓商談管理ボードを作成し1カ月の商談を可視化した
✓来店集計をカテゴリー別に分け商談精度を上げた
✓整備来店のお客様に売る方法を生み出した
✓展示構成や並びを大幅に変更し商談の時短に成功した
✓商談テーブルに設置する販促物を作り変えて単価アップに成功した
✓展示車飾り付けを変え来店数を増やした

✓来店待機の時間割を決め接客漏れをなくした
✓車検ＡＰの時間を当番制にし、営業活動量を上げた

書ききれないが、ここに紹介する10倍以上のチャレンジをしている。何か問題があればその日のうちに全員で話し合って改善した。ダメなら次、次と、４年間改善を繰り返していった。

来店数が増える↓成約率が高まる↓納車のキャパが広がる。

好循環が続いていった。僕はこの店の店長を４年半続ける事になるが、最後は「常勝軍団讃岐店」と言われるようになった。

全国で営業の生産性はいつもNo.１だ。

ピーク時には２５０台を12人で売り、全員が20台をクリアした。

そんな事をやった事のある店は他にほとんどないだろうと思う。当時は間違いなく日本最強のチームだった。

この店舗での実績を評価された僕は営業本部、次長に抜擢される。

兼重社長から連絡があった。

「讃岐店でやった事を全ての店舗に横展開して欲しい。一気に日本一を獲りにいこう」

体が熱くなった。

期待された事が、嬉しかった。
それ以降、全国の成績不振店を回り、店舗改革に飛び回る事になる。

4．営業本部の役割

営業本部としての僕の主な役割は2つだ。

自分が讃岐店で構築した取り組みの横展開と、成績不振店の改革だ。毎週違う店に指導に入っていく。基本的にこれまで店舗運営でやってきた事を転用していく形になる。

この項では経営者や店舗を指導する立場の人、逆にそういった人から指導される立場の人のお役に立てるように書いていこうと思う。

僕は営業本部に任命された時に、まず人からどう見られるかを強烈に意識した。初店長に就任した時とは仕事の難易度がまるで違う。この時点でも店長たちの半数は僕より先輩だ。レジェンド級の大先輩もいるし、営業本部を経験した人もいる。叩き上げのゴリゴリの営業会社の店長だ。一癖も二癖もある人たちが多い中で自分のやってきた事を横展開する前に、まず人として尊敬される必要があると思った。

僕はその時に一番に思い出したのはマーガレット・サッチャーの言葉だった。鉄の女の異名で知られるイギリス初の女性大統領だ。

「リーダーは好かれなくてもよい。しかし、尊敬されなくてはならない」

僕の使命は会社の成長を速める事だ。その為にやらなければならない事が沢山あるが、それを実行させる為には力業ではとても無理だと考えた。中野は誰よりもやっている、あいつが言うならやるか、と思ってもらって初めてスタートラインに立てると思った。

その為に僕は自分にいくつかのルールを課した。

✓誰よりも現場の味方でいる
✓常に一番きつい現場に入る
✓メンバーの名前と経歴を覚えて現場に入る
✓店舗メンバーよりも早く店舗に出勤する
✓店舗の掃除をメンバーと一緒に行う
✓商談指導は自ら見本を示す
✓店舗を出る時は最後にする
✓懇親会は会食のみで帰る

当たり前の事だと思う。そう思われたかもしれないが、これまでの本部にこれができる人はいなかった。それほどまでに権力というのは恐ろしい。巨大企業の本部となると気持ちが大きくなる。現場もヨイショしてくれて気持ちよくなり、自分の地位を守るのに必死になるのだろう。いろんな本部の人がいた。

常に怒っている人、軍団を作りたがる人、上司に媚びる人、部下の機嫌を取る人、パワハラする人、セクハラする人。

当時、現場のスタッフは営業本部を軽蔑していた。

権力は人を狂わせる。ビッグモーターにおいては、部下の生殺与奪権を本部が握っているから、人事権の発動に怯える現場は上司に対してどうしても遠慮が生まれ、ご機嫌伺いをするようになる。権力は人間を変える。暗く気弱だった人間が、凶暴な言葉でパワハラを行うように変わっていく様を、僕は何度も見てきた。

僕は彼らと同じ過ちを繰り返さないと決めた。

全国の成績不振店をフラフラと回ってお茶を濁す。現場メンバーを連れて飲みに行って昔話と自慢話と説教をして回る。そして入った店の成績が振るわなければトカゲのしっぽ切り、成果が上がれば自分の手柄。

そんな人間になるのだけは絶対に嫌だった。

成果を出すのは最低限のルールだが、それだけでは務まらない。もちろんこれまでに更迭されてきた本部の先輩方も誰よりも結果を出してきた人だったし、実力者だったのは間違いない。

そもそも急成長している営業会社の営業本部に実力のない人が就任できる筈もない。それでも権力の沼に落ちていく人が多かった。僕だって店長になった時には偉くなったと勘違いした振舞いをしていたことだってある。

僕は絶対同じ轍を踏まないと心に誓った。

ルールの公表と店長マニュアルの作成

まず初めに手を付けたのは自分がこれから回る店舗のルール化と公表だ。土日の売り出しを終えた時点で一番成績の悪い店に直接入って、ワーストから脱出させるというルールにした。こうすれば現場は本部に入られる事を回避する為に頑張るだろうし、一番きつい現場に常に行くと宣言した方が現場の支持も勝ち取れると考えた。

それまでの本部は抜き打ちで突然行くスタイルだった。抜き打ちはそれなりに効果があるが、売れそうな店にふいに現れて、空受注を上げて帰っていく事が多かった。我々の業界で言う「鉄砲」だ。

本部も兼重社長の目が怖い。土日に入った店が売れなければ自分の身が危うくなるから、事前に商談予定の多い店をリサーチして、そこに入る。そして自分の実力を示す為に更に「鉄砲」を打って、「僕が入ったら売れました」と兼重社長にアピールしていた。

逆に売れなければ、店やクルマが汚いとか、挨拶ができていないとか、それを動画や画像で全店に発信して、こんな事だから売れないんだ！　と晒し、その店長を更迭し、自分に火の粉が降りかかるのを避けるような人もいた。

これが何よりも現場のストレスで、本部が現場から軽蔑されていた理由だった。

例：月曜日　8時～20時にやる事

時間	やる事
8時～9時	展示場鍵付け、タイムカードチェック 掃除（1回目）、お客様駐車場整理
9時～10時	朝礼、ミーティング、掃除（2回目）
10時～12時	売掛／納期確認、下取り車の処理指示
13時～15時	展示場整理、商談管理
15時～16時	今週の仕入計画作成
16時～17時	オークション売却指示、準備
17時～18時	電話アプローチ進捗、追客アドバイス
18時～19時30分	仕入下見
19時30分～20時	展示場鍵抜き、終礼

僕はそうならないように、ルールを現場に発信した。

そうする事により、先輩の店長たちから激励の言葉や応援の連絡をもらった。本来なら僕の昇進など面白くないであろう先輩から嫌味を言われるかと思って構えて電話に出た時、「お前は勇気があるな。見直した。応援するよ」と言われたので何よりも心強かった。

次に取り組んだのが「店長マニュアル」の作成だ。

主に前項で実践した内容を言語化して画像付きで配布した。

✓商品管理　「商談数を増やす」
✓商談管理　「成約率を上げる」

✓売掛管理　「回転率を高める」

この3つの観点から、商品ラインナップや値決め、並べ方や商談管理の方法、売掛管理の手順をマニュアル化して公開した。月曜日から日曜日の8時〜20時にやる事、やる順番も公開して、これ通りにやればまず問題はないというスケジュールを作った。

それが前ページの表だ。

実際の内容と実態は変えているが、このように月曜日から日曜日まで全ての曜日にやるべき事を決めて一日の振り返りでチェックしていくように決めた。これは実際に自分が店長時代にやっていたルーティンをそのまま時間を張り付けて公開した。

「僕はこうやって成果を上げた。同じ事をやれば、同じ結果になる」

できていない事を叱るのも一定の効果はあるが、それでベテラン店長たちが僕のような新人の言う事を聞くとは思えなかった。まずは自分の考えを示した上でそれに対する意見を求めるようにした。

これは今も大切にしている考え方だ。

現場の社員は、たまにしか来ない本部がダメ出しをガンガンしたとして、表面上はありがとうございます！　と言っているが、裏ではいつも「だったらてめえがやってみろよ」と言っていたし、僕だってそうだった。本書を読んでいる皆さんにも経験があると思う。

マネージャーの仕事は現場に差分を生み出す事。こうやったらもっとうまくいくんじゃないかという提案から始めよう。ダメ出しをするならその後だ。職位は役割であって身分ではない。現場とはフェアに向き合おう。

現場指導

現場指導に入る時は細心の注意を払っていた。

人格者として見られる事を強く意識した。そもそも僕は人格者ではないし、気分屋で子供のような性格だった。現役の店長時代はそんな僕でも一緒に過ごす時間が長く、現場で戦う背中を見せる事で、信頼関係ができていた。だから甘えや間違いも許してもらえた。だけど、本部になって同じ事が許される筈がない。マーガレット・サッチャーの言う「尊敬される人」になる必要があった。

僕は成績不振店には水曜日から日曜日まで入るようにした。臨店する店舗で前の週より大幅に売らなければならないが、その上で、現場を改善していく為には土日に売れそうな店に行って、一日店長をしても意味がないと思った。土日に向けて、「現場と一緒に準備して、一緒に戦う」。これが重要だと思った。なるべく始発で行くようにした。

4時35分に高松駅を出発する快速マリンライナーだ。これに乗れば、南は福岡、北は浜松までなら9時の朝礼に出勤できる。完璧でなくとも、現場と同じスタートが切れるように努力した。

それで間に合わない関東の店舗に行く際は前泊で深夜移動した。

正直に言おう。これは営業現場に向けたパフォーマンスだった。これまでの本部が夕方頃に抜き打ちで臨店して店をかき回したり、二日酔いで朝遅れて店に現れる事に現場の不満が溜まっていた事を逆手に取った。前日の終業時刻まで香川の店舗にいた中野が、次の日の朝一には福岡の店の朝礼に出ている。これをやるだけで一定の信頼を勝ち取る事に成功した。

こうやってスタートしてまずまずの滑り出しだったと思う。

もちろん全てがうまくいったわけではないし、現場の反発にあった事も少なくないが、会社を前に進める事に、少しは貢献できたと思う。それから1年も待たずに、僕は営業本部「次長」から「部長」に昇進した。

部長職

その後、西日本エリア部長という最大エリアを任される事になった。

当時でも管轄の店舗は30店舗を超え、管轄エリアの人員は数百人を超えた。責任の範囲は大きく広がり、やる事も増えていった。このあたりから全社のマーケティングに本格的に関わっていく。チラシやCM、広告物やパンフレットなど、部門を超えた全体の収益や採用や他部門との調整。

仮説を立てて大きな数字を動かし、期待する効果を狙っていく。プレッシャーも大きかったが、会社の期待も嬉しかったし、やる事全てが当たっていく感覚は楽しかった。かなりの権限が自分に集中し始めていた。

だが、この時期から社内で僕に対する僻みの声が耳に入り始めた。

先輩社員たちに「気を付けておけよ。そろそろ潰されるぞ」と言われ始めた。実力はあるが、過去に社内政治に負けてきた先輩たちだ。彼らからの忠告だったが、僕は「まさか。大丈夫でしょう」と気にも留めなかった。

当時は会社の目標達成と、顧客満足度の向上、社員の生活安定の事しか考えていなかった。既に自分の目標としていた年収やポジション以上のものを与えられて何一つ不満はなかったし、自分を育ててくれた会社に全力で恩返しをする事しか考えていなかった。野心のない自分が妬まれるとは考えもしなかった。

僕はこの時、先輩からの忠告が現実になるとは想像もしていなかった。この時の忠告をもっと真剣に聞いていれば、救えた人も多かったかもしれない。

ここからの僕は会社の中での発言力をどんどん強めていく。狙ったわけではないが、権限が自分に集中し、人も集まり始める。「中野さん」と頼られる事が増えてきて気分が良くなってしまう。権力に人は集まるものだと分かっていた僕は、「権力の沼」に落ちないように、人事には特に気を配った。

自分の部下となる次長や店長には「口うるさい大先輩」を推薦した。僕なんかの事を少しも恐れていないレジェンド級の人を周囲に固める事で権力を監視してもらった。

本来なら、自分がやりたい仕事やプロジェクトをやる際に「人事権」を発動して、言う事を聞くメンバーを集めれば居心地は良いし、改革のスピードは上がるだろう。それでも、僕は「権力を手に入れた本部」の堕落を見ていたので、自分はそうならないように努めた。

1300年読み継がれてきた帝王学で、徳川家康や明治天皇が参考にもしたと言われる中国の古典『貞観政要』の中にもこう書いてある。

リーダーに求められる「三鏡の教え」

第一に、「銅の鏡」

鏡に自分を映し、元気で明るく楽しい顔をする
第二に、「歴史の鏡」

過去の出来事から学び実践する
第三に、「人の鏡」

部下の厳しい直言を受け入れる
これは一言で言うと調子に乗るなという事だ。

僕は入社してからこのタイミングまで数々のすごい人の「自滅」を見てきた。

トップセールスになってお金を持って、遊び過ぎて家庭を崩壊させた人、店長になった途端、偉そうに振舞って人が変わってしまった人、本部になってパワハラやセクハラをしたり、飲みに部下を連れ回した人。

僕はお金の卑しさや権力の恐ろしさをこの目で散々見てきた。

お金は、麻薬だ。

依存性が高く、人を変えてしまう。

元々貧しかった僕も沼に落ちそうな時期があった。

でも多くの反面教師がいたおかげで、僕は自分を律する事ができた。

僕は起業してからも、この感覚は絶対に忘れないようにしている。社長なんかは特に危ない。僕の知り合いの社長でも多くの人が沼に落ちている。

傍から見ると高級外車に乗って、ブランドものに身を包み、夜は街に繰り出してシャンパンを開けて若い愛人を作って派手でいかにも金持ちという人が多いが、これを何年も続けられる人はごく少数だ。お金が尽きて人が離れるか、人望が尽きて社員が離れていくか。逮捕されて事業が終わる人だっている。

自分の敵は、だいたい自分だ。

外に向けて強いリーダーほど、「権力の沼」に落ちてしまう。あなたが強い人間であれば問題ないが、僕のように、心の中に少しでも弱い部分があるようなら、自分を律する仕組みを持っておく事をおすすめする。

この後、僕のビッグモーターでの最後の仕事になる。

これまでとは比較にならないほどのタフな仕事になる。

5. 事業再編

ここからの1年間は、僕の人生において最も濃い期間だった。

僕のビッグモーターでの最後の仕事に進んでいこう。


「関西エリアを任せたい」

僕に大きなミッションが回って来た。

西日本エリア部長から関西エリアへの異動だ。こう聞くと管轄の範囲が狭くなるように思われるだろうが、事はそう単純なものではない。

実はビッグモーターにおいて、この時点で関西エリアというものは存在しない。当時は既に傘下に治めていた別会社という扱いだった。

グループ会社の「ハナテン中古車センター」を自社に組み込むというミッションだった。

関西の人なら、誰でも一度は名前を聞いた事があるだろう。

会社の規模は、直前まで東証二部上場。売上約500億円、社員500名を超える業界では超名門だ。地元の人で知らない人はいないのではないかというTVのCMで有名な企業だ。

「ハナテン中古車センター」の看板は、当時のハナテン社員の誇りだった。

これをＴＯＢ（株式公開買付け）により完全子会社とした。

この時から10年前にビッグモーターは資本業務提携をしていた。その頃から既に在庫のシェアリングをしていたが、いかんせん仲が悪かった。

在庫の共有をしていたので業販処理をするが、その度にトラブルが発生していた。僕の店長時代には、ハナテンのクルマは絶対売るなと指示をしていたほどだ。

当時、兼重社長は僕に特別大きな期待をしているわけではなかったと思う。だけどこういう時に全ての裁量を与えてくれる社長だった。

兼重社長から「中野さんがいいと思う。まずは行ってみてくれ。ハナテンを頼むよ」と言われた時は武者震いした。

そうして僕は本体から見れば、「関西エリア部長」に異動となった。

同時に、ハナテン社員から見れば「代表取締役」に就任する事になった。

僕は即座に調査を始めたが、調べるほどに難易度が高そうに見えた。

幹部たちの顔写真を見るといかにも悪そうで、超がつく大ベテランが多かった。強面の幹部の顔写真が並んでいるのを見て眩暈がした。

在庫のやりとりをするだけでトラブルになっていた会社に、これから自分が乗り込んで代表取締役に就任する。これまでとは比較にならないレベルの仕事になるのは容易に想像できる。僕は腹を括った。もたもたしていたらこちらのクビが飛ぶ。一気にやるしかないと覚悟を決めた。

当時のハナテンメンバーには申し訳ないが、僕はこの時、1年でやり切って「辞めよう」と思った。それまではこの会社の再建に全てを捧げようと思い、妻にも1年間はまともに家に帰れないと伝えた。

仕事に集中させてもらうようにお願いし理解してもらった。

ビッグモーターを去る決意

何故1年で辞めようと思ったか？

未だによく聞かれる質問だ。

大企業に勤めている人になら理解してもらえると思う。

この仕事はダラダラやっていたら必ずクビが飛ぶ。

それにボチボチ進めていてはこれまでと何も変わらず看板と資本が同じになっただけで、今まで通り仲が悪く混ざり合わない集団というふうになる。下手をすれば会社が割れるような事にもなりかねない。経営統合と事業再編の難しさは大手銀行の合併や、大型のM&Aの例を見れば分かると思う。

我々行く側から見れば経営統合と事業再編は革命だが、統合される側は「淘汰される側」だ。オーナーが変わり、経営陣が変わり、名物「ハナテン中古車センター」の屋号も変わって売り方も何もかも変えられてしまう。

そして革命には血が流れる。「ポジション」だ。成績不振の原因になっているであろう、超ベテランには退場してもらわないといけない。そうしないと革命は成立しない。当然、その人たちに育ててもらった多くの人たちの恨みを「革命者」が全て引き受ける事になる。その後の統治は難しいだろうと考えた。

歴史を見ても、革命を起こしたやつが居残る事はありえない。

先人を切る僕のミッションは破壊。業績を落としている原因を全て破壊し、膿を出しきる。その後退場して、統治者にバトンタッチして去るのがベストだと思った。

退職を決めたのにはもう一つ理由があった。兼重社長のご子息のCさんだ。

Cさんは大学卒業後MBAを取得し、社外に修業に出ていた。当時から優秀だと噂されていた彼が経営に参加し始めた頃だった。彼はクルマ屋での現場経営は全くない人だったが、MBA仕込みの鋭い分析や指摘は、周囲を唸らせる事もあった。だが、それと同時に非常にドライで、現場から叩き上げの自分とは、全く反りが合わなかった。当時は経営に参加したばかりの様子見の状態だったが、将来、経営方針で必ずぶつかると直感した。

ビッグモーターの世代交代を邪魔したくなかった。

僕は1年間という区切りを決めて、本体と同じ色に塗り替える。買収された側に考える隙を与えず一気にやり抜くと腹を括った。

だが、僕は本部役員が集まった会食で、洗礼を受けることになる。

僕の関西エリア部長就任を祝福してくれた幹部も多かったが、明らかに面白く思わない人が数人いた。

兼重社長不在で役員が多く集まった会食の場で、僕はあからさまな嫌がらせを受けた。頭から赤ワインをかけようとした役員がいた。僕は彼の腕を強く摑んで止めさせたが、止めなければワインを被るぐらいでは終わらなかっただろう。彼は「つまんねぇやつだなぁ」と捨て台詞を吐いていた。普通にやっていれば1年も持たない。僕の失敗を望んでいるやつらがいる。

この日、キャリアのピークで辞めていった先輩たちの顔が思い浮かんだ。

みんないい人たちだったが、別れも告げずに、誰にも理由を告げずに、ある日突然去っていった人も多かった。

「気を付けておけよ。そろそろ潰されるぞ」

当時気にも留めていなかったかつての大先輩の忠告が、繰り返し頭の中をループしていた。酒を飲んでも全く酔わない。当日は全く眠れなかった。

最悪のスタート

関西エリアの全員に招集をかけ、兼重社長と各本部に集まってもらった。

会議で、僕は全店長に宣言した。「困ったら365日24時間いつでも連絡して欲しい。必ず電話に出るし、困った事があったらいつでも飛んでいく。僕は必ず現場にいる」自分の退路を断ち切り、僕の覚悟を示した。

一部の人は響いたようだったが、ほとんどの人は、「はぁ?」という顔をしていた。店長たちは人の家に勝手に上がり込んできた泥棒を見るような軽蔑の目で僕の事を見ていた。

それはそうだろう。自分たちは歴史ある名門「ハナテン中古車センター」という上場企業に入社して誇りを持って働いていた。すると突然、名物看板は「ビッグモーター」に変わり、上場は廃止された。

更にお世話になった大先輩が辞め、再建に乗り込んできた人間は自分よりもはるかに年下の小僧だ。

ふざけるなよこの野郎！　と全ての人が思ったに違いない。

彼らの恨みは僕に向けられた。僕の決死の覚悟は伝わらなかった。

それでも、このエリアに2人の仲間ができた。

ハナテン時代から長く本部を務めていた、Q次長、P次長だった。

彼らは業界のレジェンドだった。

僕が業界に入るずっと前から「ハナテン」を支えてきた中核メンバーで、見た目は厳ついが現場の信頼は厚く、エリアを超えて実力が聞こえてきていたような2人だった。

彼らは僕の登場により、部長から次長に降格になった。それなのに僕を安心させようと、「今は現場も戸惑っているけど、俺たちが抑えるから気にしないでくれ。中野さんに付いていきますよ」と言ってくれた。

本部の幼い僕を安心させてくれたんだろうと思う。

強面で扱いづらいなと思ったのが第一印象だったが本当に心強かった。

こうして関西エリアは、僕と、Q次長、P次長の3人の本部体制でスタートした。まずは店舗を見に行こうという事で一番売れていない店に行く事にした。臨店して初めての印象は衝撃的だった。まるで別会社だ。とにかく店が汚く、仕事ができる環境が全く整っていない。商品ラインナップも違えば、取り扱う商品やオプションの金額も全く違う。最初の印象は「悪い店のお手本」のようだった。

現場の温度を測る為にロープレをやってみたが、まるで噛み合わない。それはそうだろう。信頼関係がゼロの状態で、現場のメンバーは緊張している。こちらの話なんか全く耳に入ってこないだろう。これまで幹部が店舗に回って来てロープレを始めた事なんて一度もない。下手な事を話してしまえば自分たちはクビを切られると本気で思っていたらしい。

仕方がないので僕は自らが商談に行く事にした。この全く違う環境で、一番売れていない店、最もきつい現場のリアルを知る為に商談して売ってやろうと考えた。戦う背中を見せれば彼らの闘争心に火を点けられると考えたが、逆効果だった。売れないどころか全く歯が立たなかった。

本部から送り込まれた刺客が商談して滑る姿を見て、店長やベテランは、ざまあ見やがれと思ったらしい。一部の新人たちは僕がチャーミングに見えてファンになったらしいが、この時はそれを知らない。

こんな最悪の滑り出しで一切嚙み合わなかったが、とにかく戦う体制が全く整っていなかった。技術を教えるにも聞く体制になっていないし、お店も、お客様をお出迎えする状態が整っていなかった。営業は携帯電話すら与えられず、個人でお客様とやりとりして顧客情報を平気で持ち出していたし、営業毎の個別のＰＣも十分に与えられていないので事務処理に膨大な時間がかかっていた。

現地に入った僕は想定よりもはるかに酷い現場に愕然とした。これでは何も変えられない。そこで僕は一気に改革を進める為に決断した。

断捨離の実行

「断捨離」の決行だ。

苦渋の決断だった。この時は1月。1月〜3月が業界では最も繁忙期で、通常月の1・5倍の販売が見込める。昼食もまともに食べられないほどにお客様が毎日溢れるような時期だ。このタイミングは本来なら「売買」に集中するのが得策だろう。「断捨離」をやれば業績が一時的に落ちるのは目に見えていた。それでもやる事に決めた。

僕は兼重社長に状況を報告した。「断捨離をしないと前に進みません。やります」と連絡した。兼重社長は意図を理解してくれ、「いいアイデアだね。一気にやろう」と快諾してくれた。

実はこのミッションには僕なりの裏テーマを設けていた。

「退職者を最低限に抑える」だ。

10年前に資本業務提携をした時に半数近くが瞬時に退職したと聞いていた僕は、何とか退職者を少なくしたいと考えた。僕が選ばれたからには退職者を最低限に抑えつつ、業績のV字回復をやってやろうと考えていた。

だけど、現実は甘くない。このままでは何もできないまま潰されてしまうのは目に見えていた。

僕は腹を括った。この組織の再建のポイントは「若手」だ。彼らを舞台に引き上げるしかないと思った。レジェンド級の店長がポジションを何年も占領していたし、店にも戦力にならないベテラン社員が大勢いた。

その分やる気のある新人のチャンスが奪われていた。

各店舗には明らかに現在の店長より優秀な若手が大勢いたが、それもエリアマネージャーやレジェンドの店に集中していた。

彼らは自分の成績の為に、若手のチャンスを握り潰していた。

僕も営業時代に店長昇進のチャンスを二度潰された経験があり、とても悔しかった。やる気も実力もある、当時の僕と同じような若手が必ず大勢いると考えた。ここしかない。

僕は会社の成長を遅らせているベテランと勢いのある若手との総入れ替えを決断した。

1年以内に幹部、店長を全て入れ替えられるか、間に合わずに僕が更迭になるか、スピード勝負だ。もたもたしていられない。

だから「力業」でいく事にした。

戦える環境を急速に整える為に、この1年で一番忙しい時期に、徹底的に店の古いものを入れ替えて、自分たちの手で環境作りを実行させる事にした。もちろん僕もドロドロになりながら一緒にやった。何を断捨離する必要があったか。いくつか書いておこう。

✓リサイクルショップで5000円で仕入れた不揃いな商談テーブル
✓10年前から利用している錆びたデスク
✓モニターが壊れたままの商談テーブル
✓カバーが破れて漏電している配線
✓Microsoft Officeのインストールされていない10年前のPC
✓保管期限を何年も超えた書類の山
✓個人携帯でお客様と連絡を取り合う状況
✓1年前から更新されていないウェルカムボード

これは一部だ。実際はこの何倍も断捨離する必要のある物があった。

そして、これを当時の幹部を集めてWeb会議で打ち合わせしようとなった。その集合に2時間近くかかった。ＩＴリテラシーが全くない。会議の接続方法をＬＩＮＥで伝えるからグループを組もうという話になったが、半数がＬＩＮＥをやっていない。ガラケーだ。これは２０１６年の話で、iPhoneが２００８年に日本に上陸して８年が経過している。

僕の周囲でガラケーを使っている人なんて一人もいない時だ。

こういうところからのスタートだ。理解してもらえただろうか？　何時代だよと思った。クルマ業界でもWebからの集客に最も力を注いでいる時に、幹部たちがこれでは全く進まない。

僕は徹底的に「断捨離」を実行した。とにかく捨てまくった。２ｔトラック何台分もの不用品を捨て、接道のごみを拾い、草を刈り、ドロドロになりながら過去を清算していった。その様子を全店に公開して、同じように捨てるように指示をした。やっている側の僕もきついが、やらされている側は堪ったものじゃないだろう。突然乗り込んできた部外者が過去のものをとにかく捨てろと指示してくる。

最初に晒し者にされた店長も辛かっただろう。申し訳なかったと思う。断捨離を始めて数日で「辞めさせてもらいます。中野さんにはとても付いていけない」と数人から連絡が入った。そうやって、僕は1週間に1店舗ずつのペースで臨店して、「断捨離」を決行しつつ店舗の指導をしていった。

この作業は本当に苦しかった。最初の3カ月間はこのような形でひたすら店舗に行き、掃除を一緒にして回った。

毎日辞めるという連絡が僕に入り、罵声を浴びせられる事も少なくなかった。彼らの怒りは当然だ。自分が受け止めるしかないし、彼らには謝る事しかできなかった。覚悟していた事だ。

だが、それでも実際に店舗に入って一緒に戦う姿を見せるうちに、僕に信頼を寄せてくれる人も新人を中心に徐々に増えていった。

レジェンドの退場

関西エリアに入って数カ月が経過した頃、僕にとって最も苦しい決断を迫られる事件が起きる。「ハナテン中古車センター」に元々いた幹部で、僕に最も協力してくれて、一緒に戦ってくれた、Q次長、P次長の同時退職だ。

関西エリアに来る前からエリアを超えて名の通ったレジェンドだった。

当初は強面でいかにもアウトローに見えたが、ここまで一緒に改革に協力してくれていた。関西エリアに来て最初にできた仲間で、僕にとっても、このエリアの多くの人にとっても精神的な支柱だった。

彼らは本当に一生懸命ビッグモーターを理解しようとしてくれたし、反発する現場を抑えてくれていた。「中野さんは若いけどすごい。彼の言う事を聞いていれば間違いない」と言ってくれていたそうで、本当にありがたい存在だった。

このエリアの人、誰一人として彼らの事を悪く言わない。全員に尊敬されて信頼されていた父親のような存在だ。

お客様や部下に対する接し方、現場で誰よりも戦う姿を見せる姿勢や統率力には感動すら覚えた。僕にはとてもできないレベルだ。彼らの店はまさに僕が目指していた「全員営業」で、お客様の来店から帰られるまで完璧なお見送りで、お客様の笑顔が絶えない店だった。

それに、２人とも、男としてかっこよかった。

僕は未だに、彼らのような大人になりたいと憧れていて、２人から学んだリーダーシップを今でも大切にしている。

インターネットのない時代であれば最強のリーダーだった。

地上戦では最強の戦闘力を持っているのは間違いないし、それは今でも重要な事だ。

でも、この会社の課題はインターネットによる集客やＤＸでの効率を図る空中戦だった。

現場が全てである彼らが本部として現場に影響力を持ち過ぎているせいで改革の進行が

遅れていた。

実は少し前から、Q次長を更迭するように兼重社長から指示が来ていた。

店舗の成績が全く振るっておらず、現代の売り方に付いていけていないのは誰の目にも明らかだった。僕は何とか彼らを引き上げようとズルズルと先延ばしにして抵抗していたが、どうにもならなかった。

本当は分かっていた。

もっと早くしなければいけない決断だった。

Q次長に解任を告げるとどういう結果になるか答えは分かっていた。

彼は20年以上勤めた会社を去るだろう。

辞めるだろう。

そして共に戦ってきたP次長も間違いなく抜ける。

僕は解任を告げに行く車中で彼らとの出会いを思い出していた。

このエリアに乗り込んで緊張している時、「中野さんに付いていきますよ」と強面の顔をくしゃくしゃにして笑ってくれた2人の顔を思い出して、苦しくって堪らなくなっていた。

何とか、この人事制度をなくせないものか。

成績が悪ければ更迭になり、その分、同じだけのチャンスが新しく生まれるのは理解できる。だけど、20年以上だ。第一線で誰よりも先頭に立ってきた彼らがいたからこそ、今のハナテンがある。

彼らを生かせない組織に、存在価値はあるのだろうか。

そこの角を曲がると店だと思うと、何度も通り過ぎてしまった。

そうやって、店の前を通過しては停車して、またUターンして店に向かっては通り過ぎた。嫌だった。辛くって、もうこのまま、逃げ出したかった。

でも、逃げるわけにはいかない。

これは、僕の仕事だった。

そして、Q次長に会った。顔を見てしまうと言葉が出てこない。

これまで過去に何十回も更迭を告げてきたが、この時ばかりは言葉が出なかった。涙ぐんで言葉に詰まる僕に、全てを察して彼は言った。

「力になれなくて申し訳なかったね。後は頼みます」

僕は言葉が出なくなってしまった。更迭を告げる上司が、辞めていく人に逆に応援されてしまった。気持ちの整理がつかない僕の元にすぐにもう一人のレジェンドから電話がかかってきた。用件は分かっている。

「中野さん一人に背負わせて申し訳ないが、俺も抜ける」

僕は「申し訳ない」と震えながら返事をする事しかできなかった。感謝の気持ちを伝えたいのに、体が震えて言葉が全く出てこない。

そこで彼が言った一言が忘れられない。

「現場は傷つきながらでも必死にやっているんです。分かってやってくれ。中野さん。彼らの事を、頼みますよ」

P次長は泣いていた。自分の事は何一つとして言わなかった。

現場の努力に報いてやって欲しいと僕に告げて、その日のうちにハナテンを去ってしまった。

辛かった。頭では必要な事だと分かっていても、心が追い付かない。僕はリーダーとして未熟だった。後任に引継ぎをしないといけないのに、気持ちの整理が全くつかず、涙が溢れてトイレから一歩も動けなくなってしまった。

生まれてきてから今まで、この時ほど悔しいと思った事はない。

自分の力のなさを心の底から恨んだ。

僕はこの時に自分で会社を作る事を決断した。二度とこんな事が起こらないように、全員を守れる強い力を手に入れる事を決めた。

退職ラッシュ

ここから退職ラッシュが始まる事は目に見えていた。

僕は新しい2人の本部を任命した。

初めから目を付けていた最強の2人、A次長と、B次長だった。

レジェンドの陰に隠れていたが、圧倒的に数字に強く、どの店に行っても数字を上げていた若手の強いリーダーだ。現場から圧倒的な支持を得ていたが、年功序列の組織においで埋もれてしまっていた。

彼らと一緒に本部体制を整え、これから来る地獄に備えた。大幅な人の入れ替えが始まる。それをこのメンバーでやり切って、組織が完全に入れ替わったタイミングで彼らにバトンタッチするのが理想だと考えた。

予想通りすぐに退職ラッシュが始まった。退職したレジェンド2人を慕っていた古株店長やエリアマネージャーがどんどん抜け始める。大ブーイングが起きた。僕は「処刑人」と呼ばれ顔写真が社内に出回っていたそうだ。

ここからは毎日社員から辞めると連絡があり、人のやりくりに追われ始める。こっちで2人辞める。それで何とか口説いて1人残ってもらえる事になったと思ったら、別の店で3人同時に辞める。慌ててその店のフォローに行ったら、別の店の店長が辞める。目も当てられないとはこの事だ。

会社を前に進めるなんてとんでもない。常に辞める！　の着信と、人のやりくりだ。毎日のように辞めると連絡が入り、転勤してくるメンバーを募る。新たな本部チームで対応していくが、全く手が回らない。

人が突然辞めていくと現場で大量のミスが発生し、本社へのクレームが鳴りやまない。もうカオスだ。ホテルで休む時間なんてない。本部3人とも夜中にクルマを走らせて退職した店長の穴を塞ぎに行ったり、辞めそうなメンバーに話しに行ったり。生きた心地がしなかった。

こんな事を数カ月続けて、ぎりぎりの状態で店舗の体裁を保ちつつ新人を舞台に無理矢理引き上げて戦力化していった。僕にとってこの新人や若手の戦力化だけが希望の光だった。彼ら若手をどんどん抜擢していった。やる気に満ち溢れた勢いのある若手が表に立ち始めていた。

彼らは一緒に戦う姿勢を見せた僕たちを支持してくれた。問題は常に抱えていたが、少しずつ改革が進んでいった。

カリスマ店長の退職

そんな頃に大きな事件が起こった。

「ハナテン№1」と言われていた「尾張店」のカリスマJ店長から辞めると連絡が入った。

尾張店は関西エリアのフラッグシップとして№1の圧倒的な実績を出し続けていた最強店舗だ。その店を作り上げたJ店長が抜けるとなると、店のメンバーも同時に抜ける可能性が高い。

同時に退職者が何人も出るのではと思い、僕は焦った。

外せない予定があった僕は翌日入る事を約束し、後任店長にすぐに現場に入ってもらうように伝えた。嫌な予感がした。一秒でも早く現場に入らないといけないと思った。

後任には実力のあるL店長を選んだ。

L店長は関西最強の尾張店でやってみたかったと立候補してくれた。

ところが、現場に入ったL店長から思いもよらない連絡が入った。大事件だ。現地に入ったL店長がやっぱり僕も辞めます、という。

何が何だか分からない。

これはただ事ではないと、僕は慌てて夜中にクルマを走らせて現地に飛んだ。

現地はカオスだった。

尾張店の役職者4人がストライキをしていた。

メンバーの多数が、J店長を辞めさせる会社に未練はないと納車を放棄して辞めてしまっていた。

最悪だ。この辞めたメンバーは思い付きじゃない。申し合わせをしていたと考えるのが自然だろう。他のメンバーもいつ抜けるか分からないし、もう準備しているかもしれない。

この店ですぐに成績を上げるのは難しいだろう。これだけ一気に引継ぎもせずに退職されると、間違いなくクレームの嵐になる。

後任予定だったL店長は、「ここから立て直すには時間がかかるけど、それまで待ってくれる会社じゃない。どうせ僕も更送するんでしょう⁉」と僕に怒りをぶつけてきた。

何も言えなかった。これまで激しい人事異動を繰り返してきたビッグモーター本部に対して、L店長は強い不信感を抱いていた。

いくら止めてもダメだった。彼もその日のうちに会社を去った。

緊急事態だ。この状態では土日のフェアを迎えられない。僕は即座に全エリアにSOSを出した。売りの強い人で動ける人は力を貸して欲しい！　今すぐ移動して助けて欲しいと全国の猛者に発信した。

この日は金曜日だ。手を上げてくれる人はいないと思った。店の主力営業を望んで出す店長はいない。彼らだって土日に売れなければ更迭になるリスクがある。それに営業は自分の店での方が売れる確率が高い。ユーザーもいない土地勘のない場所に準備期間なく行くような割に合わない仕事は誰も引き受ける筈がない。

僕がピンチヒッターで店長をやる方法も考えたが現実的ではない。この時にそんな余裕はない。今すぐ駆けつけなければいけない店が他にもあったし、すぐに対応しなければいけないクレームも沢山抱え込んでいた。店のオペレーションをする余裕なんかない。誰も来たがらない場合は、強制的に力業の人事権を発動するしかないと思ったが、そうなると更に状況が悪化するだろう。

それでも緊急避難的にそうするしかないと、僕は腹を括っていた。


だが、奇跡が起こった。

応援の立候補者から、次々と電話が鳴り始めた。

「俺でよければ力になるぜ」

「ピンチの時にはお互い様でしょ」

普段はライバル関係にある他のエリアからも連絡をもらった。

ありがたかった。ピンチに手を差し出してくれる仲間がいた。

結局、選抜メンバーを集めて、他の本部も駆けつけてくれて、即席のドリームチームが完成した。最強メンバーだ。

最高潮に士気が高まっていた。これならいける。

僕はこの現場を集まったメンバーにお願いし、別の店舗にすぐに移動した。似たような事が他のいくつかの店で同時多発的に起きようとしていた。それほどにこの店舗で起こったストライキはエリア全体に大きな衝撃を与えた。

すぐに行かなければならない店が沢山あった。

奇跡の土日フェア

そして迎えた土日フェア。この時は本当にすごかった。

尾張店は通常土日で20台販売をアベレージとする店だったが、即席のドリームチームで、50台近く販売した。神風が吹いた。通常よりも圧倒的に多い来店数にも恵まれ、集中力の高まった強い営業メンバーが最高のパフォーマンスを発揮してくれた。最高のメンバーだなと思った。

この奇跡の土日フェアから潮目が変わり始める。

営業現場の見る目が変わった。ここから一気に改革は進んでいく。

これまでは土足で乗り込んできた「処刑人」というふうにしか見られていなかったが、即席のチームで脅威の販売台数を叩き出した事は何よりも強いメッセージになった。営業は結果が全ての世界だ。実力を示す事でやる気のある若手たちが次々と味方になっていった。それと同時に、自分には無理だと考え、会社を去るベテランもいた。数カ月もすると僕たちの改革を邪魔する人はいなくなり、やる気のある若手社員がどんどん活躍し始めていた。

この頃には一通り全ての店を回り、現場とコミュニケーションが取れていた事もあり、僕の評価も変わっていった。自分たちと一緒に戦ってくれる若いリーダーという評価をしてくれ、現場は僕をリーダーとして認め、信頼し始めていた。「中野さんが一緒に戦ってくれるから」と声を上げてくれる若手が増え始めた。もう少しで、現場の体制が整う。

ここからは現場指導はしやすくなっていった。

ロープレを実施しても聞く体制が全く違うし、やればすぐに効果が出る。現場の店長たちと連絡を取り合っても士気はすこぶる高く、早く店舗指導に来て下さいとラブコールをもらう事も増えてきた。

社内の確執

同時に、不安もあった。

僕が現場の信頼を集めて社内での評価が上がる事を面白く思わない人間がいる。少しずつ風通しが悪くなっていった。本部会議の前日に突然役割を振られて眠らず準備した資料を、当日になってやはり必要ないと言われたり、重要な通達を自分だけが聞いていないと言われるような事が始まった。

僕の知らないところでライバル店F社のチラシを丸パクリしてクレームが入った。「オイル交換0円」と書いたキャッチーな他社のチラシをそのまま真似していた。情けないことに、そのパクリ元の会社にチラシが投函された事で発覚したのだ。中野さん対応お願いとZ取締役から指示を受けた僕は、一人で奈良県のF社を訪問し、自分の指示でやった事ですと謝罪した。

このチラシは自分の全く知らないところで「サービス部門」が作成したチラシだった。

兼重社長のご子息のCさんやZ取締役、サービス部長たちでやっていた仕事だ。僕は内情が全く分からないまま謝罪に向かい罪を被った。今思えば、兼重社長にも中野がやりましたと報告されていたかもしれない。

自分たちの身を守りたかったのか、ご子息のCさんに傷が付くのを恐れたのかは分からないが、「自分がやりました」と何故言えないかと腹が立った。こういった事の積み重ねが組織を腐らせてしまうのではないか、と怖くなった。

クレーム対応なんかいくらでもやるし、自分が盾になるのは平気だったが、この時は本当に時間が惜しかった。

自分が一日外に出れば、改革が一日遅れる。悔しかった。

地味な嫌がらせが始まっていたが、先輩たちからも忠告を受けていたから、こうなる事は分かっていた。こんな嫌がらせは僕にとって屁でもなかった。予想していた事だ。それでも、こんなくだらない権力争いで現場やお客様に迷惑はかけられない。

ここからはスピード勝負だ。あと数カ月で全ての店舗で改革が終わり、体制が整う。それまで邪魔だけはしないでくれと心から願っていた。

崩壊への序曲

そんな時に最悪の事態が起こる。

ある日、突然僕の電話が鳴りやまなくなった。

現場の店長から鬼のような電話ラッシュだ。社員に給料が振り込まれていない。最悪だ。こんな事は前例がなかった。

僕は全店にレジからの出金を許可した。支払いに困る人もいるだろうし、給料を楽しみにしている人だっているだろう。何より家族が銀行にお金を下ろしに行ったら入金がなかった際にどう思ったか考えると胸が痛かった。

退職者がまた出始める予感がした。一度は信頼してくれていた現場も不信感を抱き始めていた。彼らにとっては先輩たちが辞めてしまい、残った自分たちで何とかハナテンを盛り上げていこうという矢先の出来事だった。腹が立っただろう。現場のメンバーから「退職者が止まったからわざとやってないですか?」と多くの連絡が入ってきた。そんな事をする筈がないと、僕は現場に謝罪して、できる限りの対応をしていく事を約束していった。悔しかった。一生懸命仕事がしたいだけなのに何でこうなってしまうんだと思った。そしてまた大勢が退職した。

翌月もまた同じ事が起こった。絶対に同じ事が起こらないよう準備した筈なのに、また給料が振り込まれていない。最悪だ。何かがおかしい。

現場は僕に怒りをぶつけてくる。「辞めろという事だろう！」と、社員や社員の家族からのクレームも殺到した。

更に、僕の上司のZ取締役が現場に送ったメールで事態は悪化する。

「給料が一日遅れたぐらいで文句を言うな。借金取りにでも追われているのか」という強い内容のメールだった。本人は間違えたという事だが、こんな事を現場が許す筈はない。

現場は「辞めろ」と受け取った。

僕の携帯は鳴りやまず、あいつに謝罪させろと大ブーイングだ。

現場に合わせる顔がない。

多くの退職者を出してしまった。この時の退職者は全く辞める必要がない人たちだった。僕はメールについて謝罪してもらうようにZ取締役に強く要請した。

僕のその態度が気に入らなかったのだろう。

ここから、メールを送ったZ取締役自らが、X部長と一緒に関西エリアに頻繁に入り始めた。X部長は社内的には僕のライバルとされていた人物だ。人事の入れ替えで数字が上向かない関西エリアをフォローしに来ているという事だ。僕に拒否する権限はなかった。

異変を感じた兼重社長からは、「中野さん、大丈夫か?」と連絡をもらっていたが、本部で揉めていると悟らせるのは申し訳なかった。

もう少しだった。最後まで自分の手でやり抜きたかった。

このあたりから彼らが入った現場の店長から泣きの連絡が入り始めた。ロープレと称したパワハラで社員の自信を奪って現場の士気を下げていく。それによって退職者も出した。

土日フェアで値引きを連発して、後処理をする現場社員が自腹を切らされる羽目になったり、実際には売れていない注文書を彼らの手柄の為に上げさせたり、無茶苦茶してクルマを売らせて、後処理を現場に丸投げして去っていく。従わなければ更送になるから店長は従うしかない。彼らはやりたい放題だった。

その上「僕らが入ったら楽に売れました」と兼重社長に報告するから店長は堪ったものじゃない。それによって更送になった人もいた。僕はエリアの部長だ。仲間も守ってやれなくて情けなかった。

「中野さん、守ってくれよ！」と毎日のように現場の店長からも責められ、僕は焦っていた。もうすぐこのエリアに来て1年だ。こうなる事は分かっていた。エリアの再建に失敗すればクビが飛ぶのは当たり前だが、もたもたしていても潰される。この時はもうぎりぎりの状態だった。最後まで自分の手でやり抜きたい。

彼らは当初予想していたよりはるかに露骨に攻撃してきている。

それまでは表向きは味方のふりをしていたが、この頃はとてもじゃないが、まともに仕事ができる状況ではなくなっていた。社内の権力闘争のしわ寄せは全て現場やお客様に向かう。

自分はどうなってもいいが、関西エリアの仲間たちには特別な感情が芽生えていた。苦しいところから一緒に会社を再建してきた仲間たちだ。彼らが戦える体制を何としても整えないといけない。それに、このまま僕が潰されてしまっては、「中野さん、後は頼んだ」と僕にエリアを託してくれたQ次長、P次長に合わせる顔がない。

この頃から僕もなりふり構わずに人事権を発動していった。

過去に受け持ちだった西日本エリアのメンバーを口説いて回り、僕が信頼している人たちにも来てもらい、あっという間にエリアの店長を入れ替えた。当時、無理を言って慣れないエリアへの転勤を引き受けてくれたメンバーには本当に申し訳なく思う。

そして組織の再編を完成させた。

潰される前にやり切った。僕の事が邪魔で辞めさせたいんだろうが、僕もそのつもりだった。心配しなくてもいい。十分戦える環境が整ったし、現場も最高の布陣が整った。

ここからは心配いらない。既に数字も上向き始めていた。

兼重社長への内部告発

後は最後の仕事に取り掛かる事にした。

兼重社長への内部告発だ。

これだけはどんなに苦しくともずっと我慢してきた。

この攻撃は必ず自分の退職と引き換えになる諸刃の剣だからだ。

これまでも内部リークをして刃向かった人間は数多くいたが、結果的に生き残っている人はいない。権力闘争に負けて会社を辞めていった人たちを、僕はこの目で何人も見てきた。

僕はこれまでに彼らがやってきた事と、現場の思いを兼重社長にリークし、自らも職を辞することを報告した。自分の退職と引き換えに、こんな営業本部なんか解体してしまうべきだと思った。

お客様の方を向いて仕事をしたいだけなのに現場にそれをさせてやれなかった。そのせいで、辞める必要のない素晴らしい人たちまで退職する事になり、彼らを信頼していた多くのお客様を裏切る事となった。

これも、極端な利益至上主義が生んだ悲劇かもしれない。

創業者の兼重社長が怖いのか、出世したいのか、僕に彼らの気持ちは分からなかったが、本来手を取り合う筈の本部内で不毛な戦いが起こった。この競争の先に未来はない。

本部自身が現地指導で空受注を上げているような粉飾体質。そんな会社の未来は見えている。小さな誤魔化しが隠ぺい体質を生み、組織ぐるみの不正に繋がる事は歴史が証明している。僕がいた頃から、崩壊への序曲は始まっていたが、この頃から誰にも止められない暴走に向かっていく。

僕が内部リークしたZ取締役とX部長は事実上の更迭になり、本部体制は一気に入れ替わった。彼らは営業現場から外され、第一線には戻れなくなった。

これで現場は、お客様の方を向いて仕事に打ち込む事ができる筈だった。

だが、何も変わらなかった。今思えば、退職は無責任な逃げだった。

自ら身を引く事こそがビッグモーターの未来を創ると、自分自身を騙していた。

だけど本当は、自分の力ではどうにもならないところまで来ていた。組織を中から変えていく事に限界を感じていたんだと思う。

最後の仕事

退職日までの数カ月間、地元で店長をする事になった。僕が入社した店であり、店長として最もキャリアを積んだ讃岐店だ。

信頼する先輩や仲間、自分が一から育てた後輩もいる。お互いの良い時も悪い時も支え合い、家族よりも長い時間を過ごしてきた戦友たちのいる店だ。僕にとっては特別な店だった。

兼重社長からの粋な計らいだったんだと思う。

兼重社長から連絡をもらった。「中野さんならやれる。好きにしていいから実績を上げてくれ」と言われた7年前を思い出して懐しく感じた。

「しばらくゆっくりして、また経営をやってくれ」と言われた時には胸が痛かった。僕の心はもう決まっていた。

数年ぶりに戻った讃岐店のメンバーは歓迎してくれた。ベテラン勢は何も話さなくても全てを察していた。その上で僕に何も聞かずに「お疲れ様でしたね。お見事でした」と笑顔で受け入れてくれた。

久しぶりに戻る実家のように温かく迎え入れてくれた。

だけど僕はこの店に消化試合をしに戻ってきたわけではない。立て直しに戻ってきた。かつて「最強讃岐店」と呼ばれ、常に全国トップ争いをしていた店は衰退してしまい、見る影もなくなってしまっていた。トップ争いどころか、ワーストから数えた方が早かった。メンバーも負け癖がついて戦い方を忘れてしまっていた。

僕は、全員を集めた。

この店を立て直したい。かつて最強と言われた店に戻そう。今月ここから全国トップを獲りにいく。

「僕はやれると思うけど、みんなはどうしたい？」

全員の顔つきが変わった。消えかけていた闘争心に火が点いたのを感じた。かつて最強と言われた讃岐店も、ここ数年はトップ争いに絡んですらいなかった。みんな本当は悔しかった。またかつての強さを取り戻したかった。

ここからのメンバーの集中力はすごかった。僕自身も商談にバンバン入って売りまくった。毎日面白いぐらいに売れた。厳しい環境で鍛えられてきた僕は格段に強くなっていた。それにこの店はテンションが上がった時の爆発力は昔から凄まじかった。

僕が退職する事を察していたベテラン勢は、復帰戦で必ず花を持たせてあげますよと無理をしてくれた。それこそ全員が全国トップを獲る為にありとあらゆる手段で営業活動してくれた。

僕なんかも久しぶりに友人知人に営業をかけて買ってもらったし、現場で決められない商談にも積極的に参加して、一件一件、大切に応対した。久しぶりに高いゴール設定に向かって、何の妨害も受けずに、信頼する仲間たちと一つの目標に向かって仕事をするのは本当に楽しかった。そして社員やお客様の笑顔は僕にとって最高の報酬だった。

仕事とは、本来こういうものだと思った。誰かが苦しんだり、悲しんだりするような事は仕事とは言わない。ただの労働だ。誰かが苦しんで、陰で泣いているような事をして金儲けなんかしたって何の価値もない。

クルマを求めていらっしゃるユーザーに、最高の提案をするのみだ。オプションや付帯サービスの収益、平均粗利なんか関係ない。目の前のお客様にとって最高の選択肢を提供して選んでもらう。選択権は１００％お客様にある。

改めてそう思った。そして、安心して背中を預けられる仲間とは本当にかけがえのないものだと、この時のメンバーが思い出させてくれた。

そして僕たちはやった。「全国No.1」を本当に達成してしまった。最終日の全店のランキング発表を見て全員で抱き合った。子供のように走り回って馬鹿騒ぎした。全員が飛び回って喜んだ。円陣を組んで「俺たちは強い！」と叫んで最後はハイタッチをした。最高の気分だった。

復帰戦で、これ以上ない最高のプレゼントを僕は受け取ってしまった。

僕は別れがどうしようもなく辛くなってしまっていた。もうしばらくすると、僕はこの会社を辞めていく事は決まっていた。彼らとの別れはすぐそこまで近づいていた。

本当に気のいいやつらだった。もうこんなチームで仕事をするのは難しいだろうな。でもまたいつか、こんな最高のやつらと一緒に仕事ができたら嬉しいなと考えると、寂しくなって思わず泣いてしまっていた。

だけど、こんな日々も永遠に続くわけじゃない。彼らもいつまでも安泰なわけじゃない。いつか状況が変わって、また僕のような「処刑人」が突然現れて、追い出される側になるかもしれない。時代が変わり、経営が今とは全く別物になってしまう事だってありうる。

そうなった時に、彼らを守れる存在に僕がなると決めていた。
自分に力がなかったばっかりに守れなかった人たちを、今度は必ず守れる力をつける
と心に決めていた。
ライバルとの戦い、社内でのポジション、名誉、金儲け。そんな事よりも、もっと重
要なもの。「楽しいクルマ選び」を追いかける会社を作りたかった。
社名はバディカ「ＢＵＤＤＩＣＡ」に決めていた。
Buddy　バディ「相棒」
Car　カー　「クルマ」
クルマ選びは本来楽しいものだ。
それをサポートするのが僕たちクルマ屋の本来の姿だと思う。
僕は社内の出世争いなんてくだらない事でお客様に大変迷惑をかけてしまった。マー
ケティング勝負を仕掛けてライバルたちに後ろ指を指されるような事も沢山したし、そ
の結果多くの会社を倒産に追い込んだと思う。
それだけじゃない。利益至上主義を加速させてしまった。
僕が店長時代に始めた最安値保証は、過剰競争のトリガーとなった。
本体価格をなるべく安く見せて、諸費用やオプションで利益を稼ぐようなビジネスモ
デルの転換が業界全体で起こっていった。

支払総額の表示義務がなかった当時、他社より本体価格を10万円安く表示して、総額を表示しない事で面白いぐらいにお客様が来た。悪魔の手法だ。

本体価格80万円＋諸費用10万円＝総額90万円

と表示していたものを、

本体価格69・8万円

のみ表示するようにする。そして来店した人に諸費用やオプションで20万円案内し、総額90万円で売るのだ。

これだけの事だった。

たったこれだけの事でお客様が爆増した。

だが、この頃はまだましだった。これはいけると踏んだ他社が本体を更に10万円安くし、59・8万円にし、オプションを販売条件にし、総額90万円にする会社が全国各地に生まれ始めた。

そして、そういう会社にお客様が集中し始めるから、他社もそれを真似し、これが業界のスタンダードになっていった。過剰な競争は加速し、やったもの勝ちになっていった。

途中何度も止めようとしたが、僕の力では止められなかった。大きくなり過ぎた組織同士の競争は激化し、大手各社の営業現場の判断を狂わせ、お客様に対する詐欺まがいの販売が横行するようになっていった。

もうあんな事は二度とやらない。真面目にクルマを売る。

僕自身がこれまでとは全く違う、信頼を土台とした「クルマ屋２・０」を作り、ユーザーにとって楽しくて、安心なクルマ選びを提供すると決めた。

お客様の笑顔の為にならこれまでのライバルとだって「相棒」になる。社員にもその家族にも、誰にとってもBuddyのような頼れる存在であり続けるという思いを込めて社名をバディカ「ＢＵＤＤＩＣＡ」に決めた。

ゼロからの再スタート

あの奇跡の「讃岐店の復活劇」から数カ月後に、僕は一人で「ＢＵＤＤＩＣＡ」をオープンさせた。

手持ちの１０００万円を全て突っ込んだ勝負だった。

家賃15万円のプレハブだ。

オープン日に誰も来ない店で、僕は長靴とつなぎを着て一人で洗車し始めた。前職での取引先は連絡しても誰も電話には出なかった。

中野は終わったと噂されていた。それに、僕と取引して業界から干されるのが怖いという人も多かったようで、一定の圧力もかかっていたのかもしれない。

「絶対にうまくいかない」と誰もが噂をしていた。

予想していた事だ。別に構わない。


「この会社でトップを獲る。最短で本部まで行かせてもらいます」

10年前、この一言から始まった。

26歳の僕は無知で、無謀で、貧しく、失うものなんか何一つなかった。膝を震わせながら、勇気を出して発したあの一言から始まった。

あの時も一人で始まった。孤独には慣れている。

怖くないと言えば嘘になる。まるで先の見えない暗闇の中で、地図もなく、少しばかりのガソリンを入れて一人で走り出したような気分だった。

それでも、僕にはやらないといけない事がある。

「流通革命」だ。

僕はこの業界の第一線で戦ってきた事で様々な業界構造を知ってしまったし、問題を悪化させる事にも荷担してしまった。

激しいライバル競争の中で潰してしまった企業もある。

騙されたとお怒りのユーザーも数えきれないほどいるだろう。

社内の権力闘争の陰で泣いた人や、人事異動でバラバラになった家庭もあるだろうし、強いプレッシャーから病んでしまった人もいるかもしれない。当時は仕方がないと思い込んでいた事の多くが、今では歪だったと心の底から反省している。本当に申し訳ない事をした。


当初は自分がリッチになりたくて始めたクルマ屋だったが、もうお金稼ぎなんかどうでもよくなっていた。

一人だとしても、怖かったとしても、やると決めた。


初めは全くの暗闇の中で、地図もなく一人で走り出したドライブだった。

毎日仕入れて、洗車をして、クルマを売って、そのお金でまた仕入れて。

最初は孤独だった。掲げた「流通革命」は途方もなく遠く感じた。

何も見えない暗闇でアクセルを全開で踏んでいるような感覚だった。

ある日、一人孤独に戦う僕に、「中野さん、手を貸そうか?」と初めに声をかけてくれた昔の「仲間」が現れた。渡邊だ。中野さん一人じゃ無理でしょうと笑っていた。渡邊は、翌日「会社を辞めてきたから手伝うよ」と言ってくれた。結婚したばかりなのに、奥様に相談もせずに決めていた。大企業からプレハブへの転職だ。彼も怖かったと思う。奥様も不安だっただろう。

その翌月にも「私も力になれる事あるかな?」と、また昔の仲間の長尾さんが僕を心配して見に来てくれた。「中野さん、書類全然ダメじゃん!」と何も言わずに彼女は手伝い始めた。そして入社してくれた。

その翌月もまた「仲間」が増えた。由佐だ。「流通革命最高っすね。やりましょうよ」と彼はプレハブで洗車をしている僕が語る「流通革命」を、少しも疑いもせずに仲間に加わってくれた。

これ以降も、「中野さん、力を貸すよ」。毎月のように仲間が増えた。

彼らは大企業での安定した高額の年収を捨てて、暗闇でアクセルを全開にして走ることの「BUDDICA」に乗ってくれた。

彼らだって初めは怖かった筈だ。でも勇気を出して助けにきてくれた。

いつからか、僕は孤独ではなくなっていた。

「ＢＵＤＤＩＣＡ」のほとんどはかつての「仲間」で構成されている。

僕たちは同じ釜の飯を食い、共に戦い、勝ってきた。どんなに苦しい時でも逃げずに戦う勇気と努力を持った最高の「チーム」だ。

暗闇には変わりないが、彼らと一緒なら僕はもう何も怖くない。

何だってできる。どこまでだって走っていける。

Chapter 3

ビッグモーターの崩壊と流通革命

業販専門店BUDDICA

ＢＵＤＤＩＣＡでは市場に歓迎される仕事をすると決めていた。

これまでやってきたような市場を奪い取っていくようなビジネスではなく、裏方に回って、ライバルと一緒に市場を広げていくような仕事で業界に貢献したかった。

そこでＢＵＤＤＩＣＡは「業販専門店」としてスタートした。

「業販」とはＢｔｏＢ取引の事だ。

中古車業界にも他の業界と同じく「卸売市場」があり、最大手プラットフォームの「ＡＳＮＥＴ」（https://www.autoserver.co.jp/）では会員数７万５０００社を超えていて、ほとんどのクルマ屋が加盟していると言われている。中古車版メルカリのようなものだ。

ＢＵＤＤＩＣＡはここで勝負する事にした。

全国のオークション会場から厳選した商品だけを安く仕入れて、綺麗に仕上げた上で「ＡＳＮＥＴ」に掲載してクルマ屋に販売すると決めた。

この業販市場はシンプルな「商品」の勝負だ。

相手は全てプロのクルマ屋で直接交渉はなし。これまでやってきたようなマーケティングや、営業力の一切通用しない実力勝負の世界だ。

僕は「中古車の目利き」において誰にも負けない自信があった。

言うまでもないが、魚や野菜と同じように中古車にも目利きが必要で、仕入には埋めようのない実力差が生まれる。全国100カ所を優に超えるオークション会場では、毎週何万台もの新規出品があり、その中から良質で安いクルマだけを仕入れてくる事が、中古車屋の生命線になる。

僕は現役時代から最前線でお客様のニーズを真剣に聞いてきた自信があったし、店長や本部になって以降も、在庫に関する裁量権を与えられていた。ありがたい事に、当時日本一の在庫台数と販売をひたすら回転させる事で培った「品揃えとプライシング」においては、今でも誰にも負けないと思っている。

それに業販市場は成長段階の過渡期で、圧倒的なNo.1プレイヤーがまだ存在していなかった。この分野でなら最速でタイトルが狙えると考えた。

勝算もあった。

当時、業販取引は騙し合いが横行していて、「ASNET」で社名を隠して出品し、嘘の車両状態や装備を掲載して荒稼ぎしている業者も多かった。

そこでＢＵＤＤＩＣＡが自社の看板を掲げて、誠実な姿勢を示す事で、安心を提供して、同業者からの信頼を得られると考えた。

業販に振り切った理由は他にもある。

僕がカスタマー向けの小売りをやっていくとなれば業界に潰される可能性もあった。仕掛けられて戦える体力なんか創業時にある筈もなく、潰されるのは目に見えていた。

それに、カスタマー向けの小売りをやっていけば、いずれは自分を育ててくれたビッグモーターとぶつかる。本音を言えば、お世話になった先輩や、かつての仲間と戦うなんて考えたくなかったし、もう第一線でゴリゴリ戦うのは嫌だった。裏方に回って別の角度から「流通革命にチャレンジしたい」と考えていた。

だが、現実はそうはならなかった。僕の思いとは裏腹に、ＢＵＤＤＩＣＡもここから少しずつ市場競争に引きずり込まれていく事となる。

歪になっていく業界構造

ＢＵＤＤＩＣＡが創業した２０１７年以降も業界の大手販売店を中心としたマーケティング合戦が年々激しさを増していった。大型展示場に車両本体価格を安く表示してお客様を呼び込み、他社と比較させずに強引に押し切るという販売手法がどんどん加速していった。

日を追う毎に状況は悪化していった。

初めは熱意でオプションを獲得するといったところから始まったんだと思う。それが、徐々に強引な押し売りとなっていく。

カーセンサーに表示している価格では販売せずに、高額なオプションや保証をセットにしないと売らないという「抱き合わせ販売」をする店が増えていった。これは独占禁止法によって禁止されている売り方だ。

激しい競争により業界のモラルが崩れていく。

取り返しのつかない行為だと気付いていない人が多かった。

やったもの勝ち、やらねば他社に置いて行かれると考えた事業者たちは競って荒稼ぎを始めた。こんな事は続く筈がないのに、多くの事業者がプライドを捨て、信用と引き換えにお金を手に入れていった。

不正を生んだ異常なインセンティブとプレッシャー

ビッグモーターも変わっていった。

僕の退職以降、兼重社長からCさんへの実質的な世代交代が進んだ。

本部主導の強引なマーケティングと強いプレッシャーにより業績を急拡大させ、驚くべき速さで全国出店されていった。インセンティブ制度も大幅な改定があったようだったが、営業で2000万円、店長で4000万円、営業本部で5000万円。という年収例の広告を目にした時は、さすがにやり過ぎじゃないか？　と心配になった。ここまでいくと不正が起こるのは目に見えていた。

その一方で、新体制に付いていけない人たちは、次々と会社を離れた。

高いインセンティブと強いプレッシャーは不正を生み、誠実に働く人にとっては成績を上げにくく、かつて現場派と言われた人たちは、終わった人間という扱いを受けるようになっていった。

第一線で戦っていた多くの人が、数年の間に退職した。

多くの人から転職の相談や、退職の報告をもらった。

彼らは口々に僕にこう言っていた。

「中野さんが正解だったよ。この会社は変わってしまった」

残った店長や役職者の中には、上がった年収を下げられずに辞めるタイミングを失った人も多かった。不正を拒絶した事で成績が上げられずに更迭になった人や、県外に飛ばされた人も少なくない。

「子供が大学を出るまで辞められない」

こういった相談が僕の元にしょっちゅう来るようになった。

僕が辞めた後、ビッグモーターの販売現場に何が起こったのか、いくつかここに挙げよう。

・オイル交換永年無料を撤回（販売時の約束を反故にした）
・車両販売時にオプションの抱き合わせ販売の強制
・クレジットの手数料狙いの詐欺まがいの販売
・営業マンや工場長の高額な自腹
・成績不振者に対する左遷的な人事異動

主語が「お客様」から「お金」へ

元々、利益至上主義で急拡大してきた会社で、退職した社員から2ちゃんねる（現5ちゃんねる）などでブラック企業と言われる事も多かった。

それ自体は間違いないのだが、変質した部分は別のところにあったようだ。

退職していく人たちの話によると、主語から「お客様」が抜けてしまったらしい。本部から「これだけ稼げる会社は他にはない」という「お金」を軸とした強いメッセージが頻繁に発信されるようになった。

かつて「義を明らかにして、利を計らず」をスローガンに掲げていた会社は世代交代によって見る影もなく変わってしまっていた。

創業者の兼重社長は強烈なリーダーシップで利益至上主義を地で行く厳しい人だった。抜擢人事でやる気のある新人を積極的に店長に選任し、成績不振者の人事異動はバンバン行う。一代で会社を成長させたスピード経営だから、成績の上がらない従業員にとっては間違いなくブラックな環境だっただろう。

だが、それでも辞めずに兼重社長に付いていく人が多かった理由は「お客様第一主義」にあった。

兼重社長は店舗がどんなに多くなっても毎月全ての販売現場に訪れ、現場社員に自分の言葉でメッセージを伝えていた。もちろん創業者の兼重社長の強烈なトップダウン経営だ。理不尽な事はいくらでもあったが、それを我慢できたのは「お客様」の方を向いていたからだった。

それがご子息のCさんを次長に抜擢したあたりから、創業者の兼重社長は第一線を退き、現場を輪店しなくなってしまった。この世代交代によって、これまでギリギリで保たれていたバランスが徐々に崩れ始めていったようだった。

数年の間にものすごいスピードで変わっていった。

僕の目からは良くなっているようには見えなかった。だが、ぐんぐん伸びていく業績は市場からの支持なんだろうかと、その当時は考えていた。寂しくもあったが、僕が辞めて良かったんだろうな、と思った。

僕が残っていたら、高額なインセンティブは絶対に反対しただろうし、そのせいで拡大スピードは遅れたと思う。若い世代にしか分からない事があるんだろうし、世代交代を邪魔する存在にならなくて良かったと思った。

しかし、そうではなかった事が少しずつ明らかになる。辞めた人間には関係のない事だが、変わっていくビッグモーターを見ているうちに、最終日に兼重社長から送られたメッセージを思い出す事が多くなっていったのも事実だ。

「新しい形でビッグモーターの経営をやってもいいという気になったら、いつでも連絡を下さい」

退職する僕に対するリップサービスだったんだと思う。

それでも、僕は兼重社長からのこの言葉を、重く受け止めていた。

起業して数年の間はビッグモーターに何か問題があれば、自分にできる範囲で力になるつもりだった。もしかしたら兼重社長自身も、加速する利益至上主義をいつか変えなければと、悩みながらも、止められないのかもしれない、と。

これはもちろん僕の推測だ。だが、僕はＢＵＤＤＩＣＡを起業した後も、勝手な責任感からビッグモーターを監視していた。


残してしまったかつてのユーザーや、一緒に戦った仲間たちから「中野さん戻ってきてくれ」と言われる度に、胸が痛くなった。途中でビッグモーターを投げ出してしまった僕は、大変な間違いを犯してしまったのではないか。兼重社長が現場を離れて数年でこれなら、将来のビッグモーターは一体どうなってしまうのだろうか。業界の先行きが不安で仕方がなかった。


それに、インターネット上では中古車販売店に行って長時間拘束されたとか、騙されそうになったとか、車検でのぼったくり被害や手抜き作業など、耳を疑うような話がどんどん増えていった。

ビッグモーターだけじゃない。あらゆる大手企業が同じような販売手法を取り始め、状況は悪化していった。

完全にカニバリゼーションが起きている。大型展示場に沢山のクルマを並べ、とりあえず見に来ただけのお客様に対して、強引に即決を迫る。

他社と比較させないで諸費用やオプション、クレジットマージンで荒稼ぎするシステムはすぐに他社が真似し、エスカレートしていく。

マーケティング合戦は、業界全体の大きな問題となり、争いは激化した。

真面目に法令順守する会社から、強引なマーケティングを仕掛ける会社にユーザーが流れる。大手が始めた戦いは業界全体を巻き込んでいった。

業界構造そのものが、「歪」になっていく。

そうして、ビッグモーターに付いていけないというかつての仲間や、もう買いたくない！　というお客様が、日を追う毎にＢＵＤＤＩＣＡに移ってくるようになった。各地でビッグモーターとの競合も増え、彼らとの競争に巻き込まれていった。

創業時、業販専門店として裏方に徹するつもりでいたが、僕も徐々に考えが変わっていった。市場にも期待され、かつての仲間にも信頼してもらっている。

「中野さん何とかしてくれよ！」その声は強まっていった。

この業界には「革命」が必要だ。

業界構造そのものを変えるような、自分たちが全く新しい第三極となるような、新しい中古車選びを市場に提案し、ユーザーが安心して買えるような「流通革命」を自ら起こすと決意した。

革命の狼煙を上げるその日まで、ひたすら息を潜めて準備をする事にした。

「流通革命」の準備

こうして、多くの人たちに期待され、ＢＵＤＤＩＣＡは業販専門店から徐々にカスタマー向けの一般小売りを増やしていった。順調に業績も拡大し、仲間も増え、タイトルを獲得していった。全てが順調だった。

ビッグモーターの１００分の１にも満たない規模だが、創業から5年の成長速度は中古車業界において異例だった。おかげで全国から注目が集まり、業界紙やメディアから沢山の取材依頼をいただくようになった。

だが、僕はなるべく表に顔を出さなかった。

目立つ事を恐れていた。

クルマ業界はとてつもなく嫉妬の多い業界だ。あいつ、最近調子に乗っているな？と思われたら厄介だ。そこから「挨拶に来ていない」が始まり、「気に入らねぇなぁ」となっていくとかなり危ない。既得権を握った人たちを怒らせてしまっては、商売ができなくなる事だってありうる。

だから、業販だった。「小売市場を乱す気はない」とあらゆる場所で話し、誰にも害を及ぼさない人間として振舞うように心がけた。「中野も終わったな」と噂されていたのは知っていたが、言わせておけばいいと思っていた。その間に僕は仲間を集め、資金を調達し、戦える力を蓄えていった。

創業メンバーと「流通革命」について、毎日話し合った。

「10年で年商100億円、100人の組織を作る。そこから日本最大の展示場を作ろう。そこでは、全ての在庫も、ショールームも、ライバルに開放して、様々な会社の営業マンが商談しているんだ」

日本一の展示場は、BUDDICA全員の夢だった。

だが、2022年8月、業界に激震が走った。

業界に激震が走る報道

保険の「不正請求疑惑」めぐり大手損保が大揺れ
中古車大手ビッグモーターの組織的関与が焦点

内部通報を受けて、ビッグモーターと取引のある損害保険ジャパン、東京海上日動火災保険、三井住友海上火災保険の3社は２０２２年2月以降、修理費の請求書類を各社それぞれ数百件抽出してサンプル調査を実施。すると、全国に33ある整備工場のうち25の工場で、水増し請求が疑われる案件が合計80件超見つかったという。

中には、損傷のない車両のパネル部分に板金塗装を施したり、中古部品を新品と称して付け替えたりといった不正が疑われる悪質なケースもあったようだ。

（引用：東洋経済オンライン）

新体制によるプレッシャー

僕の元にも業界の先輩方や、保険会社、現役の社員からの相談や、ジャーナリストからの取材依頼などあらゆる人から問い合わせが入り始めた。

「中野さん、あれは事実ですか？　昔からやっていた？」

だが、僕の知っている限り、過去に不正請求はなかった。それにピンとこなかった。ありうる話ではあるが、わざわざ傷を増やすような「犯罪行為」を工場長が犯すリスクが理解できなかった。マージンをもらうにしても、リスクとリターンが釣り合ってない。下手をしたら「器物損壊罪」で逮捕される。

そこで、過去に板金工場長をしていた退職済みの友人に連絡を取って事情を聞いてみた。3年前に退職した彼は、「僕は不正請求はやってなかったけど、やっていた人は多いと思うな。プレッシャーのかけ方が昔とは別物でしたよ。平均粗利でガンガン追い込むんだから。気の弱い人はやるでしょうね」

話を聞いて、問題の本質は本部の体制だとすぐに分かった。

この数年で多くの「現場派」の幹部が会社を去り、新体制での有無を言わさないプレッシャーはとてつもないと聞いていた。人事権の発動に怯える現場が、数字を出す為に手段を選ばなくなった結果の「不正請求」だという事は、容易に想像できた。

これは、大問題に発展すると思った。

もう逃げ切れない

自動車保険の掛け金は、保険金の支払金額をもとに算出される。つまり、不正請求でビッグモーターが不当に上げた利益は、ビッグモーターに修理を依頼して勝手に傷を付けられたユーザーはもちろん、全くビッグモーターを利用した事のない自動車ユーザーも関接的に、知らない間に保険料として負担させられていた事になる。

これまでビッグモーターとタッグを組んできた大手保険会社も、納得のいく説明を求められるだろうし、金融庁も動くだろう。なあなあで済ます事は不可能だ。

これまでビッグモーターは「罰金制度」や「暴行事件」「公道をナンバーなし走行」等、あらゆる問題が公になっても説明責任を逃れてきた。だが、今回の問題は関係者が多過ぎる。自動車保険（上乗せ保険）に加入する全ての自動車ユーザーが被害者だ。これまでのような「完全黙殺」では逃げ切れない。

正直言うと、僕はこの問題が表に出てほっとした。

自分を育ててくれた会社の衰退を、これ以上見たくなかった。

今回の不正請求が公になった事がキッカケとなり、板金部門だけでなく、営業、買取、整備、全ての部門で、行き過ぎた利益至上主義が生んだあらゆる問題が表に出て、組織改革が進んでいくと思った。

兼重社長が記者会見でまずは謝罪し、第三者委員会を早急に設置、問題の本質を明らかにして再発を防止する。問題を生み出した現状の本部の体制も一新して、かつてのように兼重社長自らが現場で指揮をとり、厳しくもやりがいのある会社が復活すると期待していた。

だが、いくら待っても、記者会見は開かれなかった。

ビッグモーターの態度を、世間は反省していないと受け取った。

ネット記事は炎上し、SNSは中古車業界に対する怒りのコメントで溢れた。

「怖くてディーラーでしか新車しか買えないわ」

「そんなもんだろ中古車屋なんて」

「クルマ屋なんてろくなやつがいない」

中古車業界への不信感が高まっていく。


近年、マーケティング合戦に巻き込まれ、強引な販売手法や詐欺まがいの販売被害にあったユーザーたちの怒りは増幅され、X（Twitter）やYouTubeを中心としたあらゆるSNSで中古車業界に対するネガティブな情報が溢れ始めた。

ユーザーは兼重社長への説明を求めていたが、記者会見は開かれないままだった。YouTuberの考察や煽りも増え、憶測を呼び、間違った情報も世間に溢れ始めた。

ユーザーが安心して中古車が買えなくなっていく。

僕は覚悟を決めた。自分が発信しよう。

顔を出してクラクションを鳴らす

自分が持つ、「クルマを安く買う方法」や、「クルマを高く売る方法」。「車検や整備はどうすればいいのか?」僕がこれまで業界で培った知識の全てをユーザーに公開する事にした。

クルマの売買や整備については専門性が高く、事業者とユーザーの知識差が大きい。代替サイクルは7年と言われていて、前回買った時の見積もりを覚えている人はいないし、税金の変更だって毎年のようにある。

諸費用の相場なんかユーザーは分からないだろうし、10万円のコーティングと3万円のコーティングの違いなんて分かる筈がない。5年落ちのクルマの1年の保証がいくらなのか? 見極める方法や比較はどうすればいい?

この情報優位性こそが利益のポイントであり、ブラックボックスと言われる諸悪の根源でもあった。

だから僕はYouTubeで全てを開示し、ユーザー側の知識を底上げすると決めた。ビッグモーターをはじめとした大手企業を名指しで攻撃したところで、彼らの行いを止める事はできない。威勢の良い事を言ったところで返り討ちにあうのは目に見えている。だからユーザー側を強くして、ぼったくり営業と戦えるようになってもらおうと考えた。

業界全体に対するクラクションでもあった。

もうこんな事止めよう、真面目にクルマ売ろうというメッセージだ。

正直言って、とても怖かった。自分たちが少しでも間違った事をしていれば、そのままブーメランとして返ってくる。やましい事はなくとも、ＢＵＤＤＩＣＡがお客様対応を完璧にできているとはとても言えた状況ではなかった。

営業をしている中でミスは普通に起こるし、お客様からお叱りをいただくことも少なくない。実力は足りなくとも、創業以来、正直に、正々堂々とやってきた。苦しい時期もあったが、何一つ、後ろめたい事はしてこなかった。

だから、仮に自分たちが叩かれたとしても、受け入れようと思った。

市場に監視してもらうのはいい事だと割り切る事にした。それで公で叱られたとしても、世間に対して謝罪して、間違いがあれば正せばいいと思った。

「これから、ＢＵＤＤＩＣＡは全てを開示する」

こうして、僕はビッグモーターの不正請求報道のあった翌月、２０２２年９月から、YouTubeでの発信を始めた。チャンネル名を「中野優作／忖度無しの車屋社長」に変更し、自らのフルネームを公開して出演する事で覚悟を示した。

止まらない報道ラッシュと変わらない沈黙

クルマを売買する上でのお役立ち情報や、新車・中古車のおすすめ、売買のお得な時期、リセールの高いクルマの紹介やお得情報の発信から始めて、業界の裏側や、ぼったくりの手法についての注意喚起を織り交ぜていった。

ユーザーへの情報提供に徹し、自社商品の紹介は一度もやらなかった。

そうすると、コメント欄やX（Twitter）で被害者からの情報提供や相談が来るようになった。おかげで登録者の数は日々増加していき、僕を信頼してくれるフォロワーから期待の声も高まっていった。

一方で、YouTubeを始めてしばらくは辛い時期もあった。

業界のあらゆる闇が自分に集中した。

大手に勤める現役社員からのタレコミや、パワハラで病んでしまった人の退職相談、高額な自腹を切らされたという相談。とても僕一人では受け止めきれないような数のDMや、手紙が届いた。

それと同時に、同業アンチと思われるアカウントからの攻撃や、本社への嫌がらせの電話もあった。あからさまな脅しも受けた。

僕がYouTubeで発信していた内容は、業界でトップを走る多くの企業にとって都合の悪いものだ。彼らの社員数を足すと数万を超えるだろう。僕にムカついていたに違いない。

だが、嫌がらせに屈するわけにはいかなかった。

ユーザーからの相談には、可能な限り向き合った。

朝、目が覚めた直後から、移動時間の合間や、お風呂の中、寝る直前まで。全員会った事のない人だけれど、少しでもユーザーの不安を取り除く事ができるならと思って、毎日何時間も使った。少しでも、業界を見直してもらいたかった。
だが、僕の思いとは裏腹に、またもやショッキングな報道があった。

２０２３年４月。
追及スクープ！〝中古車販売業界の雄〟ビッグモーターが「客のタイヤ」に穴を空けていた「衝撃動画」

「写真の写りは考えないとですね」

Ｔ保険会社の審査を通すために提出する写真をどう撮ればいいかを丁寧に説明をすると、男性はタイヤの側面を凝視しながらポイントを探し、グッとネジを突き立てた。そして、そのネジをドライバーでグリグリと力強く締め上げていく。わずか10秒後、タイヤはいとも簡単にパンクした――。
（引用：ＦＲＩＤＡＹデジタル）

今度は、ビッグモーターの工場長の「客のタイヤの穴空け」動画が流出した。更に、手抜き整備の証拠とも思えるＬＩＮＥグループのスクリーンショットも世に出た。「(オイルは）交換したていで大丈夫です」や「完全犯罪しときあす」で、ユーザーの怒りは頂点に達し、ネット上では大炎上だった。

これまでにビッグモーターを利用してきたユーザーはＳＮＳで不安や怒りを露わにし、営業現場はお客様のクレーム対応で追われていたそうだ。

我々ＢＵＤＤＩＣＡの元にも、このままビッグモーターに車検出しても大丈夫かな？　傷つけられない？　パンクさせられないかな？　と不安になった多くのユーザーが来店された。事情を知らない我々ＯＢが一生懸命相談に乗ってアドバイスをしている状況なのに、当のビッグモーターからは何の説明もなかった。

この時ばかりは怒りに震えた。許せなかった。

今の状況を、本部は理解しているのか？　Ｃさんが握って、都合のいい情報だけを兼重社長に報告しているのか？　それともこの状況を分かった上で、兼重社長は放置しているのか？　いずれにしても、説明責任を果たす気はなさそうだった。何を考えているんだ。この状況で逃げ切れるわけがないだろう。

兼重社長は裸の王様になっている。

周囲に本当の事を言う人がいなくなったんだろう。今、ビッグモーターがどれだけユーザーに迷惑をかけていて、業界を不安にして、多くのクルマを愛する人たちから怒りを買っているか、全く理解していないとしか思えなかった。

僕は初めてビッグモーターの実名を挙げて、彼らへメッセージを送る事にした。

これまでYouTubeでクラクション（注意喚起）を鳴らしてきたが、一度も名指しの発信はしてこなかった。本当は初めからビッグモーターが、と情報発信するべきだったと、今となっては思うが、できなかった。

後になって、お前が止めなかったから問題が悪化したんだ！　とお叱りももらったが、その通りかもしれない。申し訳ないとしか言いようがない。どうしても、言えなかった。

僕にとってビッグモーターは特別だった。

高校を中退して、貧しくて、もう詰んだと思っていた人生をやり直させてくれた。クルマを売るしか能のなかった僕に兼重社長は「中野さんいいね。好きにしんさい」と何度失敗しても、チャンスをくれた。

兼重社長がいなければ、僕は人生をやれていなかったかもしれない。

僕は、愛する家族や仲間がいて、その人たちを尊敬して信頼している。今、何不自由なく暮らせているこの人生も、今この本を書いているのだって、間違いなく兼重社長のおかげだった。だから、早くやるべきと分かっていても、できなかった。

捨て身のメッセージ

だが、もう腹を括った。

ビッグモーターは僕が知っている会社ではなくなってしまっていた。表向きは全く同じに見えても、実際に行われている事は別物だ。兼重社長の耳に、事実は入っていないだろう。本部から自分にとって都合のいい報告しか上がって来ずに、それを鵜呑みにして、裸の王様になっている。

僕はＦＲＩＤＡＹの「タイヤの穴空け」報道を受け、YouTubeでメッセージを送る事にした。その日のうちに必ず発信すると腹を括った。だが、気が重かった。

怖くて、どうしても、やれない。

僕のメッセージは兼重社長に届くのか？

もし彼らが、本気で僕たちを潰しにきたらどうする？

仲間は賛同してくれるのか？

彼らの本気の攻撃に耐えられるか？

もし会社が潰されたら仲間はどうする？

ネガティブが頭の中をぐるぐる回って離れない。


今まで積み上げたものが一瞬で崩れる危険性だってあった。

どうしても決心がつかない。


僕は、妻と6歳の息子を散歩に誘った。

行先も決めず、クルマの通らない裏道を歩いた。

僕たち夫婦を置いて自転車で先にぐんぐん進んでいく息子を止めるでもなく、妻と昔話をしながら、彼に付いていった。

道のチョイスは息子に任せた。

おしゃべりが大好きでいつもは冗談ばっかり言って、僕を笑わせていくれる息子もこの日は気を使ってくれていたようだった。

一人でずっと前に進んで、僕たち夫婦と距離を空ける。

そして、振り返って僕たちが追い付くのを待って、また距離を空ける。

穏やかな風が吹く、散歩するにはちょうどいい気候だった。

僕は極端な未来志向で、過去の記憶はすぐに忘れてしまう。だから、これまで夫婦で昔話をする事はほとんどなかった。

この時は、２人が出会ってから、一番多くのことを話したと思う。

これまでの人生の棚卸をするかのように、何となく話し始めた。


現場監督を辞めて、営業に転職する！　と決めた時の事。

ビッグモーターの面接に受かったと報告した日。

初めてクルマが売れた時の話や、主任になった時に電話した事。

トップセールスになって、兼重社長が直々に激励に来てくれた日。

店長になって苦戦して、家に帰れなかった時、解任になった時。

また店長に復活して、その後、営業本部に入った時の話。

事業再編が苦しくて、悔しくて、妻の目の前で泣いてしまった日。

そして、会社を辞めて、ＢＵＤＤＩＣＡを作った時の話。


当時、その時々、お互いどんなふうに感じていたか。期待に溢れていた時や、不安だった事、寂しかった事、苦しかった事、ビッグモーターに全てを捧げて働いて、育ててもらって、今の幸せな生活がある事。

思い返せば、ずっと戦っていた。苦しい思い出ばかりの筈なのに、何故だか全てが懐かしく蘇り、押し隠す事のできない感情が溢れ出る。

「俺、これから、ビッグモーターの事、動画で話そうと思う」

全てを失う可能性もあった。

妻は微笑んで、「そうするべきよ。応援する」と言ってくれた。

僕はBUDDICAの全社員をZoomに集めた。

動画を上げれば、どうなるか想像がついた。

必ず世間からの注目を浴びるだろう。

元々ビッグモーター出身だと伏せていた僕が叩かれるのは間違いないし、僕だって6年前までビッグモーターの最前線で戦っていた。自分だって同じ穴のムジナだ。古巣を批判して自分だけが無傷で終わるなんてありえなかった。

メンバー全員に、僕の覚悟を伝えた。

途中で感情が込み上げて、うまく話せなくなった。

万が一を想定して、本部メンバーに、後の事をお願いした。

そして、その日のうちに動画を上げた。

「ビッグモーター内で起こっている問題は、世代交代による本部体制の変更によるもので、強いプレッシャーで現場が仕方なくやらされている。高い給料を捨てられず辞められない人もいる」

反響は予想を大きく超え、YouTubeの急上昇にもランクインし、翌日にはABEMAにも呼んでいただき、各種メディアや数多くのYouTuberにも取り上げてもらった。

市場から驚きの反響

YouTubeのコメント欄には、OBとしてビッグモーターに遠慮する、僕の態度に怒りのコメントもあったが、想像よりも批判はずっと少なかった。それよりも驚いたのは応援メッセージの数だ。本社には何十通もの応援の手紙が届き、更に、その何倍ものDMが僕の元に届いた。全国の店舗には応援の電話も毎日のようにかかってきた。

それだけじゃない。

更に驚く事が起こり始めた。

「中野さんのところでクルマを買いたい！」

動画を見た方が、クルマを買いに来てくれた。

1人や2人じゃない。毎日だ。

それに、県内だけじゃなかった。

遠いところからわざわざクルマを買いに来てくれる人が激増した。

更に驚く事に、BUDDICAでクルマを買いたいから送ってくれと、クルマを見もしないで任せてくれる人も現れ始めた。

「中野さんのところだったら信用するよ」

こういった声が、毎日増えていった。


僕の捨て身のメッセージは兼重社長には届かず黙殺された。

だが、一番届いて欲しかったユーザーに届く事となった。特に、これまで中古車業界に不信感を抱いていた人たちにとって、「こういうクルマ屋もあるのか」とありがたい評価を沢山いただいた。

「中野さん、勇気をもらったよ！」

「中野さん頑張れ！　応援しているぞ！」

「中野さん！　絶対に負けるなよ！」

動画の反応次第では業界から干される可能性もあった。状況次第でBUDDICAの社長を退任する覚悟だってしていた自分にとって、これらの声の一つ一つが本当にありがたかった。

現場からも喜びの声が上がってきた。

ＢＵＤＤＩＣＡの事を信用して来店してくれたお客様との商談は楽しいと。

それはそうだ。信頼関係を土台にした商談は、腹の探り合いがない。

任せてもらった以上は最高の提案をして、最大限お客様に喜んでいただけるクルマを提案しようと考えるのが営業マンだ。

そこに、いくら儲かるとか、オプションの強制や上司のプレッシャーなんか必要ない。

クルマを売るんじゃない、クルマを買った先にある生活だけを想像して、ただ喜んでもらいたいと思っている。こんな商談はお客様だけでなく、営業マンだって楽しいし、やりがいがある。

これまで全く顔も合わせた事のない営業マンとお客様がテレビ電話で全てを任せて相談してくれる。信頼があるから成立する商談だ。ＢＵＤＤＩＣＡで必ず買うと信頼していただいて、そこから予算や、車種やオプションが決まっていく。

そして、僕たちは必ず最高のクルマを提案する。

これこそが、僕たちが目指す「クルマ屋２・０」だ。

記者会見　兼重社長退任

ビッグモーター名指しの動画を上げて以降、ＢＵＤＤＩＣＡへの信頼は日を追う毎に高まっていったが、それに反してビッグモーターへの怒りの声はネット上で高まっていった。説明責任を果たさない態度を、世間が許す筈もなかった。

これはもうビッグモーターだけの問題ではない。日本中を巻き込んだ大問題だ。それなのにビッグモーターは黙殺を貫き、事の重大さを全く理解していないようだった。売上は下がっていたそうだが、ＴＶで大きく取り上げられなかった為、インターネットを見ないユーザー層を中心に運営が成立していたのだろう。またこれまでのように、記者会見をせずにほとぼりが冷めると勘違いしていたようだった。

そんな筈はなかった。一日でも早く記者会見をしないといけない。

何年も前に退職した僕がビッグモーターに口出しするべきでないのは重々承知していたが、あまりにも問題への対処が無責任過ぎた。僕は兼重社長に教えてあげたいぐらいだと本気で思っていたが、今連絡したところで、聞く耳は持たないだろうという事も、よく分かっていた。一度退職してライバルになった時点で、敵とみなされていて当然だ。

僕は無力だった。何とか炎上を止めたかったが、どうする事もできなかった。かつてお世話になった古巣が壊れて、燃えていく。火が広がっているのに、僕は火を消す事もできず、ただ眺めているだけだった。

そんな状況においてもビッグモーターが世間に発表した第一弾は、ホームページのインフォメーションに「２０２３・07・05　特別調査委員会の調査報告書受領に関するお知らせ」として、最低限の説明を上げただけだった。

ここから状況が一気に加速していく。

相変わらずビッグモーターはメディアの質問に対して黙殺し続けたが、不正請求をされた側の大手保険会社は情報を開示しないわけにはいかない。メディアの追及に対して大手損保から情報が表に出始めた。

その内容はあまりにセンセーショナルだった。
・ヘッドライトのカバーを割る。サンドペーパーで傷を付ける
・ドライバーで車体をひっかいて傷を付ける
・ゴルフボールを靴下に入れて振り回し、クルマを叩く
・新品を使って修理したと報告して、リサイクル品を使っていた
・実際に行わなかった作業を施工していたと虚偽報告
実際の手口が初めて公になり、マスコミ各社からの報道は激しくなっていった。朝から晩まで連日どのチャンネルでも話題はビッグモーターの不正で持ち切りだった。僕に

も取材依頼が殺到した。６年前に辞めた人間、それも畑違いの営業部門の人間が今更とは思ったが、テレビに顔を出す事が重要だと思った。

今回の問題は板金部門だけの問題ではない。過剰な利益至上主義が生んだ歪な企業文化が招いた結果だ。これを明らかにして、原因追及しなければまた必ず同じ事が繰り返される。それに、兼重社長に顔を出して謝罪会見をするべきだと意見する以上、自分が顔を出すのは当たり前だ。

この時点では現役社員や僕以外のＯＢからの情報提供はまだ少なかった。報復を恐れてみんな声を上げるのを躊躇していたから、僕が一番に顔を出して攻撃を引き受ける事で、情報提供者が集まれば、とも考えた。

その後、現役社員や工場長、最近までビッグモーターで働いていた多くの情報提供者が次々に現れ、板金部門だけの問題でなく企業文化の問題が大きくフォーカスされて日を追う毎に報道は過熱していった。

それまで完全黙殺でマスコミ対応をしてこなかったビッグモーターもやっと、記者会見を開くこととなった。

２０２３年７月25日。

兼重社長「このたび、損害保険に対する保険金請求について、板金部門の不正な請求が明らかになった。信頼を頂いたお客様、損害保険会社、取引先様、ステークホルダーに多大なるご迷惑とご心配をおかけし、深くおわび申し上げる。本当に申し訳ございませんでした」

「企業風土を一新するためには、新社長のもとで経営を行うのが皆さまの信頼を取り戻す近道と判断し、7月26日付けで辞任することと致します」

兼重社長とCさんの退任会見となったが、評価は散々だった。Ｙａｈｏｏ！ニュースの「みんなの意見」ではビッグモーターの社長の会見の評価は「全く評価しない」が98％（9万1278票）となった（※2023年7月26日時点）。

兼重社長の「自分は知らなかった」を中心とした、他人事のような発言が視聴者の怒りを買った。株を手放さずにオーナーとして残るという事も、視聴者は違和感を覚えたのだろう。会見の内容から、退任してもオーナーとして影響力を強く発揮する事は目に見えていた。

ビッグモーターの評価は記者会見前よりも悪化し、インターネット上は更に大荒れで、今後に期待する声はほとんどなかった。多くの人がビッグモーターを諦めた瞬間だったただろう。

僕も同じだった。怒りに震えて、冷静に見ていられなかった。

何が正解か、分からなくなってしまった。

僕に教えてもらった事と、真逆の事を記者会見でやっている。言っている事とやっている事が違い過ぎた。

僕が知っている兼重社長は変わってしまったのか。

それとも、元々存在しなかったのか。

恩義を感じた無知な若者が作り上げた「理想のリーダー」としての虚像に過ぎなかったのか。今となっては分からない。いくら考えても答えが出ない。

だが、もう考える事は止めた。


「新しい形でビッグモーターの経営をやってもいいという気になったら、いつでも連絡を下さい」


僕は、過去の会話に囚われ過ぎていた。

一人で勝手に責任を感じていただけだった。

だけど、兼重社長への感謝の気持ちが失われる事はない。兼重社長がいなければ、今の僕はいないのだから、どんなに批判されていようと、絶対に忘れてはいけない気持ちだ。

だから僕は、前を向いて、自分にやれる事を進める。

ビッグモーターで実現する事はできなかったけれど、これからBUDDICAを通して、極端な利益至上主義から脱却する。お客様に寄り添い、体温の伝わるような新しい営業の形を作って世の中に提供していく。

そして、全てのドライバーにクルマを愛してもらえるような社会を作っていく事こそが、僕に課せられた使命だと強く思っている。

クルマ屋2・0

今、僕たちは「クルマの通販」にチャレンジしている。

信頼を土台にした、全く新しいクルマ選びだ。

僕はこれまで、ぼったくりの被害相談を何千件も受けてきた。その相談内容から、ほとんどのぼったくり問題は店に行く事で他社と比較させてもらえず即決を迫られ起こっていたと分かった。

だったら、もうお店に行かなくていい。

状態やオプション、装備については画像で確認すればいい。テレビ電話と、チャットを使い、家族と相談しながら、時間をかけてゆっくり決めればいい。即決なんかしなくていい。

腹の探り合いや、値引き交渉もなし。オプションの強要もされない。

自宅で、他社の金額と比較し、ユーザーの実際のレビューを見ながら、自分たちのペースでゆっくり楽しんでクルマ選びをしたっていい。

保証やアフターサービスも、ほとんどの県において、ディーラーや提携工場でサポートできる。万が一のレッカーやレスキュー、24時間体制のサポートだって可能だ。


ＢＵＤＤＩＣＡは「クルマの通販」で業界を変えていく。


前例には従わない。

他社と同じ事をやって、何かが変わる筈はない。

真っ当にクルマを売っている人が、報われない業界構造。それを作り出している不誠実な業者が、クルマ屋に対するイメージを悪くしている。

この歪な中古車業界を構造から改革し、フェアにしていく。
「ＣＲＡＣＴＩＯＮ」を合言葉に、業界を牛耳る巨人たちに、僕たちは戦いを挑む。
そして、クルマを愛する人にとって、公平な世の中を作っていく。
声を上げなきゃ変わらない。無謀をしなけりゃ変わらない。
僕たちが先頭に立って暴れ回ります。見ていて下さい。

おわりに

僕は、クルマに詳しくない。だから、クルマ選びの主役はお客様だ。
商談はお客様の立場に立って、相手のペースで、焦らず、最後まで、楽しくクルマ選びをしてもらうためにある。

クルマ選びは楽しいものだ。
欲しいクルマを眺めている大人たちは、まるでおもちゃ屋さんにいる子供のように目を輝かせている。
初めてクルマを買う人も、何度もクルマを買った事がある人も、強面の大人や、社会的な立場がある人だって同じだ。新しいおもちゃを探すように、買った後の生活を想像して、クルマ選びで遊んでいる。

クルマ選びの主役はお客様だ。

僕たちＢＵＤＤＩＣＡは、誰かの笑顔を奪わないと組織が維持できないようになってしまえば、そんな会社は潰してしまおう、と創業メンバーと合意している。どんなに会社が大きくなろうと、守るものが大きくなったとしても、真っ当なビジネスだけを貫くと決めている。

それでも、本当に大切な人の笑顔を思い浮かべたサービスを全員が提供しようと毎日努力している。

最高のサービスに、僕たちはまだまだ到達していない。

僕たちがクルマを販売するユーザーは初めて会う人も多く、どこに住んでいる、どんな人かは分からないけれど、クルマを買ったユーザーは、これからクルマを生活の一部として、大切な人を乗せて、大切な思い出を作っていく。

クルマはただ移動する為だけの道具なんかじゃない。人生を充実させてくれる存在だ。

その事を強く意識する出来事に、最近、現場で遭遇した。

僕が久しぶりに店舗に行くと、両親と一緒に来店してくれた若い女性が、商品のパッソを目の前にして大喜びしてくれている。

「すっごい可愛い〜！　良かった〜！　ありがとうございますぅ〜‼」

満面の笑みで、目に涙を浮かべて喜んでくれている。これだけ喜んでもらえたら僕たちも嬉しくなる。仕事をしていて本当に報われる瞬間だ。

ご両親もほっとした様子で、とても満足してくれていたようだ。

僕は嬉しくなって感謝の気持ちを伝える為にお客様に挨拶に行った。そこで驚きの事実を知らされた。

この日は朝からずっとクルマ屋を回っていて、僕たちのお店に来たのは5店舗目。ここにたどり着くまでに、随分と辛い思いをされていた。

彼女は広島から就職で香川県に出てきていた。新天地で両親と離れて初めての一人暮らしだ。新生活で不安と希望が入り混じる中で、初めてのクルマ探しを楽しみにしていたという。買うクルマはパッソに決めていたらしい。オシャレな彼女にピッタリのクルマだ。最高のチョイスだった。

ところが、期待に胸を弾ませていった一店舗目G社では、掲載価格で買えずに、オプションを強引に勧められたそうだ。予算の上限を超えていたのでオプションは買えませんと謝ると、それじゃあ売れないと強く言われたらしい。

泣く泣く次のビッグモーターに行くと、全く同じ事を言われ、帰ると言っても帰してもらえずに、2時間拘束されてヘトヘトになったらしい。

2店舗目は、僕の古巣だ。とても悲しい気持ちになった。

大手が安心だろうと大きい順番に行ったらしいが、そうじゃなかった。驚くほど強引な販売手法がとても怖かったそうだ。

その次の店はクルマのコンディションが最悪だった。バンパーやドアが凹んだまま展示されていて、7万円払えば修理すると言われた。

その次の店ではタバコ臭くてとても乗れたものじゃなかったそうだ。最後は「あなたの予算じゃ一生買えないよ」と捨て台詞まで言われたらしい。

4店舗目を回った後に、お嬢さんは泣き出してしまって、もうクルマなんかいらない！　と言っていたそうだ。

そしてご両親が説得してくれて、最後に来たのがＢＵＤＤＩＣＡだった。

誰も知り合いのいない土地で初めてのクルマ選びだ。さぞ不安だったろうに、最悪な担当やお店に当たってしまった事で輪をかけて苦しませてしまった。

僕たちのところまでたどり着いてくれて本当に良かった。

お父さんは僕の手を握って、こう言ってくれた。

「ＢＵＤＤＩＣＡさんがいてくれて良かった。これで僕たち夫婦もドライブに連れて行ってもらえます。社長さん、本当にありがとう」

納車の日には、彼女の初めてのクルマで、彼女の隣にお父さん、後ろにお母さんを乗せて満面の笑みで帰って行った。

ＢＵＤＤＩＣＡを作って本当に良かったな、と胸が熱くなった。

僕たちはクルマを売っているんじゃない。クルマのある楽しさを売っているんだ。


誰にだってクルマに忘れられない大切な思い出がある。


16歳の頃、年上の彼女とワゴンRで高知県の桂浜まで初日の出を見に行った。迷いながら、地図を広げて、４時間かけて目的地にたどり着いた。寒いね、と毛布にくるまり、クルマで夜明けを迎えた。お金はなかったけれど青春だった。

初めて買ったクルマに両親を乗せた時、近所のたった10分間のドライブだったけれど、母ちゃんは目に涙を浮かべて、立派になったねぇと、とっても嬉しそうだった。あの顔は僕にとっての忘れられない宝物だ。

仕事がうまくいかずに、眠れない夜は一人で朝までドライブした。中島みゆきの『フアイト!』を繰り返し聴いて、そのまま出勤した。誰もいない高速道路を一人で走って、一人で泣いて、あの時間が大切だった。

クルマがなくなっても、思い出がなくなる事はない。

僕たちクルマ屋は、ユーザーのその後の人生は分からない。

何年後かに下取りに入ってきた時に思い出を聞かせてもらって、お役に立てて良かったと噛みしめる。「お互い年を取ったね。あれから10年か」なんて生活の変化を報告し合い、懐かしんで、クルマと一緒に思い出も買い取らせてもらう。

そして、また次の人へとバトンを繋いでいく。

日本中のクルマを愛するユーザーに、本当の意味でクルマ屋を信頼してもらえるような世界になるように、僕たちは走り続けます。

皆さんにも、大切な人との思い出の多い人生になりますように。

2023年8月　中野優作

装幀　トサカデザイン（戸倉 巌、小酒保子）
写真　村山 良
図版　柴山由香、野元萌乃佳（LA BOUSSOLE）
編集　箕輪厚介、木内旭洋（幻冬舎）

クラクションを鳴らせ！

変わらない中古車業界への提言

2023年8月29日　第1刷発行
2024年9月30日　第7刷発行

著者　中野優作
発行人　見城徹
編集者　箕輪厚介　木内旭洋
発行所　株式会社　幻冬舎
〒151-0051　東京都渋谷区千駄ヶ谷4-9-7
電話　03（5411）6211［編集］
　　　03（5411）6222［営業］
公式HP　https://www.gentosha.co.jp/

印刷・製本所　中央精版印刷株式会社

Printed in Japan　ISBN978-4-344-04162-2 C0030

この本に関するご意見・ご感想は、
下記アンケートフォームからお寄せください。
https://www.gentosha.co.jp/e/